普通高等教育"十二五"规划教材

工业设计
——材料与加工工艺

编著 张宇红 主审 史习平

中国电力出版社
CHINA ELECTRIC POWER PRESS

内 容 提 要

本书为普通高等教育"十二五"规划教材。

全书共分9章，第1章设计之前，为设计做准备导入材料的概念及意义；第2章至第8章分别讲述金属、木材、塑料、陶瓷、玻璃、竹、纸等材料的历史进化发展到特性，分析各种材料在设计中应用的可能性；第9章新型材料，主要从结构组成、功能和应用领域等方面对新型材料进行分类，不同的分类之间又相互交叉和嵌套。本书在内容编排上注重挖掘原始性创新的源头，采用许多图表，方便读者归纳总结。

本书可作为普通高等院校艺术设计类专业教学用书，也可供从事工业设计的相关技术人员参考借鉴。

图书在版编目（CIP）数据

工业设计：材料与加工工艺 / 张宇红编著. —北京：中国电力出版社，2012.10（2020.8 重印）
普通高等教育"十二五"规划教材
ISBN 978-7-5123-3283-6

Ⅰ.①工… Ⅱ.①张… Ⅲ.①工业设计—高等学校—教材
Ⅳ.①TB47

中国版本图书馆CIP数据核字（2012）第 156608 号

由于本书资料冗繁，部分图片引用时无法与作者取得联系，我们特此致歉，希望作者见书后惠函给本出版社。

中国电力出版社出版、发行
（北京市东城区北京站西街19号　100005　http://www.cepp.sgcc.com.cn）
北京博图彩色印刷有限公司印刷
各地新华书店经售

*

2012年10月第一版　2020年8月北京第六次印刷
787毫米×1092毫米　16开本　9.5印张　203千字
定价 40.00 元

前　言

正所谓"巧妇难为无米之炊"，若无材料则设计师的创意将得不到实现，永远依旧是图纸。所以，所有的设计都要从材料出发。无论是小到牙签这样的生活用品，还是大到火车、飞机这样的交通工具，还是工艺奢侈品，任何产品在被实现时都需要材料作为载体，可能是金属、木材、塑料、陶瓷，也可能是玻璃、竹子、纸等其他材质。设计时正确地运用材料，把握分寸是设计师必备的素养。人们对材料的认识和利用能力，直接影响着社会的形态与人类生活的质量。所以有人将材料比作人类文明的里程碑是毫不为过的。

德国包豪斯学校设计教育理念中最重要的一条就是对材料、结构、肌理、色彩有科学的、技术的理解。这点简明扼要地指出了材料对于设计的重要性，材料是设计的着眼点与落脚点。恰如其分的材料选择才使设计有了成功的基石，不再是飘忽不定的理念，而成为一件美妙绝伦的作品。正如包豪斯学校的创建者维尔德所提倡的，以"产品设计结构合理、材料运用严格准确、工作程序明确清楚"作为设计的最高准则，达到"工艺与艺术的结合"。

作为培养未来设计师的基础教材，在本书编写过程中，我们竭尽所能搜罗名家创意的产品图片，将最前沿的设计理念传授给读者。在内容编排上注重挖掘原始性创新的源头，采用许多图表以方便读者归纳总结。同时增加有关材料的起源与故事来激发读者的兴趣，培养读者的创新能力。

本书共分9章，第1章设计之前，为设计做准备导入材料的概念及意义；第2章金属、第3章木材、第4章塑料、第5章陶瓷、第6章玻璃、第7章竹、第8章纸分别讲述各种材料的进化发展、特性，分析各种材料在设计中应用的可能性；第9章新型材料主要从结构组成、功能和应用领域等方面对新型材料进行分类，不同的分类之间又相互交叉和嵌套。全书由张宇红编著统稿，卢建鑫、王小妍、周凯等参编。清华大学美术学院史习平教授主审了本书，并提出了许多宝贵意见，在此深表感谢！

在本书的编写过程中，得到了许多老师的帮助和支持，在此特别感谢江南大学设计学院江建民教授，因为我是从他的手中接过了材料与加工工艺这门重要课程，在前期江建民教授还为我提供了很多珍贵的课程资料。同时感谢江南大学设计学院研究生彭晓娜、毛韫琳、陈海静、刘春强、周扬、陈振华、李雪等，他们为本书搜集了图片并整理了文档。最后还要感谢我的家人给我的关怀和支持。

工业设计——材料与加工工艺，在国民建设发展中是一门重要的学科，它既古老又新兴，因为传统的材料与新兴的材料并存。新兴的材料可以传承古朴风韵，古朴的材料也能体现现代的娇媚。材料与加工工艺在工业设计中的运用是无止境的，还有很多有价值的领域值得我们去探索和开拓，由于本人水平有限，在编纂本书时难免有错误和遗漏，恳请读者批评指正！

编　者

2012 年 6 月

目　录

第1章 设计之前

1.1 材料之意味

　　材料存在于我们生活的每一个角落，与生活有着千丝万缕的联系。材料的每一次提升、每一次更新，都标志着一次人类发展新里程碑的诞生。没有高温、高强度的结构材料，就不可能有今天的宇航工业；没有低消耗的光导纤维，也就没有现代的光纤维通信……纵观历史，历经石器时代、青铜器时代、铁器时代到集成电路时代后，今天某些人称为纳米时代。

　　谈及材料，有人马上会想到不锈钢、木材、玻璃、塑料之类，进而脑海中浮现出各种材质的物品，如精巧雅致的木质家具、透明洁净的玻璃窗、锃光瓦亮的不锈钢厨具，还有光滑细腻的卫浴用品等。材料存在于人们所有的生活空间，它最重要的特性就是可用性。因此，当看见吉行良平设计的咖啡渣烟灰缸（见图1-1）时，人们不会再有食物能不能被称为材料的疑问了。

　　也许有人会说，能被人利用的各种物质都可以称为材料，这很有趣。人类从诞生之初就使用各种水，但是能认为水是一种材料吗？大多数人应不会这样认为，看来被人类使用的物质不可全被称为材料。但是当水变成冰块，被北极地区的因纽特人建造成保暖舒适的冰屋（见图1-2）或者被艺术家刻成各种晶莹剔透的冰雕时，还能否认冰是一种材料吗？由此看来，仅从能否为人所用来界定常规思维中的材料是不合适的。从水与冰的区别可以看出，当把一种物质称为材料时，则这种物质往往具有可塑性。

图1-1　咖啡渣烟灰缸（日本设计师吉行良平设计）

图片出处：http://www.ry-to-job.com/ry-to-job/flame/e-mainflame.html

图1-2　北极冰屋

图片出处：http://news.dayoo.com/world/gb/content/2006-08/08/content_2593238.htm

对于设计师来讲，有用、可塑的一切材料都可以应用在设计中。前面所提到的材料的可用性、可塑性都是材料的物质性（因为材料本身是一种物质，所以其强烈的物质性特点往往会掩盖住它所承载的文化性），材料还有一个很重要的性质，就是审美性。如果回顾历史上的经典设计，它们的构成材料几乎无一例外地具有审美特质，而且其诞生基本都是以材料的实验为背景的。伟大的设计师对材料的使用功能要求是近乎苛刻的，在选择不同的材料时，产品的质感、体量及所承载的文化都会有很大的差别。

如图 1-3 所示，诞生于 1959 年的由丹麦设计师 Verner Panton 设计的塑料悬臂梁椅（Verner Panton Chair，又称潘顿椅），是由单一塑料材质一次性压模成型的划时代家具，对现代设计的发展具有重要意义。这款椅子轻盈纯粹的造型和光亮多彩的质感把塑料这一新材料标志性地引入了现代设计当中。它散发出的时尚气息和人性化的造型铸造了永恒的经典，正因其革命性和独创性，所以潘顿椅至今依然被很多设计师用各种材料不断诠释和演绎。如图 1-4 所示，由斯洛伐克设计师 Peter Jakubik 设计的"爱潘顿"椅（Hobby Panton Chair），其质感和体量感明显与潘顿椅不同，锯切割的加工方式、粗糙的树皮散发出原始的粗犷和厚重，细腻的内核和粗糙的表皮的对比相得益彰（值得注意的是，西方的设计师很注重材料的对比），其原生态的风格中散发出一份不羁的自由与野性。如图 1-5 所示，由英国设计组织 United Nude 设计的塑料材质潘顿椅，由于在形态上使用了锐利棱角的几何面，因此比图 1-3 中的优雅曲线更具现代感，转角锋利的整体形象给人冷酷的感觉，但体量和潘顿椅还是相仿的。如图 1-6 所示，由格拉斯哥设计师 Joachim King 设计的条纹椅（Stripe Chair），虽然使用的是桦木胶合板，但是由于表面髹（xiū）漆的处理使该椅子具有和金属相似的质感，造型柔美典雅，比潘顿椅体量稍重，品质精湛，适合高档次场合使用。

图 1-3　潘顿椅（Verner Panton Chair）（丹麦设计师 Verner Panton 设计）

图片出处：http://www.besthousedesign.com/wp-content/uploads/2007/09/panton-chairs.jpg

图 1-4　"爱潘顿"椅（Hobby Panton Chair）（斯洛伐克设计师 Peter Jakubik 设计）

图片出处：http://www.dezeen.com/2011/01/29/hobby-panton-chair-by-peter-jakubik/

图 1-5　潘顿椅（Verner Panton Chair）（英国设计组织 United Nude 设计）

图片出处：http://www.dezeen.com/2010/07/08/lo-res-by-united-nude/

图 1-6　条纹椅（Stripe Chair）（格拉斯哥设计师 Joachim King 设计）

图片出处：http://www.seatingzine.com/category/plywood-chair/

通过上述对比可以看出，材料虽然不是一件产品功能完美和审美至佳的唯一因素，但对产品的形象有着颠覆式的影响。

在全球化的环境中，有时材料还承担着体现民族文化性格的角色，如中国的陶瓷、日本的漆器、波斯的地毯、纳维亚的木材等。有些材料的文化代表性具有很大程度的模糊性，而有些却显得十分突出，如中国的宣纸、紫砂等，如图 1-7 所示。

图 1-7　无骨架宣纸灯（中国设计师辛瑶瑶设计）

图片出处：http：//www.xinyaoyao.com/Lamp-2.html

辛瑶瑶设计的无骨架宣纸灯诞生以后被冠以各种很"中国"的名号，其材料和工艺都以中国传统的手工艺为基础，因此不论人们对它的评价是来自于对灯具形式本身的喜爱还是对它所代表的"中国"符号的肯定，它都是非常成功的设计。但从它的设计历程来看，与其说其成功在形态的无骨架，倒不如说设计师完美驾驭了宣纸这种材料。

同样，深泽直人的和纸系列设计也是日本设计文化中的代表，如图 1-8 所示。

图 1-8　和纸系列设计（日本设计师深泽直人设计）

图片出处：http://www.visionunion.com/article.jsp?code=200807030035

日本和纸具有 1200 年的历史，在日本人的衣食住行中几乎无处不在，深泽直人通过尝试使用和纸设计一些生活中所用的小物件，很好地把和纸柔软不易撕破的特性和朴素雅致的质感表现出来。

图 1-9 所示为瑞典设计师 Bruno Mathsson 设计的躺椅，这把躺椅轻巧而富于弹性，具有极高的舒适性，同时又便于批量生产。对于舒适性的追求也影响到了材料的选择，纤维织条和藤、竹之类自然而柔软的材料被广泛采用，该设计符合瑞典的民族风格。

图 1-9 躺椅（瑞典设计师 Bruno Mathsson 设计）

图片出处：http : //img157.ph.126.net/VKUa955MomvrTZ8oVnYV2w==/1474647402988391298.jpg

1.2 造物史与材料革命

如果把人造物系统作层级结构划分，如图 1-10 所示，则艺术质类造物即设计艺术处于结构的中层，人造物的上层是纯艺术类造物，下层是材料、一般器具等非艺术质类造物。由此可见，新材料的诞生往往会从器具的制成开始影响人们的生活方式并逐步波及高级的上层建筑。

日本学者町田辉史等认为：从整个人类历史发展来看，迄今为止材料及其加工技术发生了五次革命性的变化，见表 1-1。

图 1-10 人造物系统

图片出处：李砚祖.设计艺术学研究的对象及范围.清华大学学报（哲学社会科学版），2003.

表 1-1　　　　　　　　　　材料及其加工技术的发展

材料革命	开始时间	时代特征	技术发展	对技术和产业的促进与带动作用举例
第一次革命	公元前 4000 年（中国公元前 2000 年）	从漫长的石器时代进入青铜器时代	（1）铜的熔炼。 （2）铸造技术	（1）自然资源加工技术。 （2）器具、工具的发达。 （3）农业和畜牧业的发展
第二次革命	公元前 1400～公元前 1350 年（中国公元前 5～6 世纪）	从青铜器时代进入铁器时代	（1）铁的规模冶炼技术。 （2）锻造技术	（1）低熔点合金的钎焊。 （2）武器的发达。 （3）铸造技术、大规模铸铁产品
第三次革命	公元 1500 年	从铁器时代进入合金时代	（1）高炉技术的发展和成熟。 （2）纯金属的精炼与合金化	（1）钢结构（军舰、铁桥）。 （2）蒸汽机、内燃机。 （3）机床。 （4）电镀、电解铝。 （5）不锈钢、铜、铝等有色合金等
第四次革命	20 世纪初期	合成材料时代的到来	（1）酚醛树脂、尼龙等塑料合成技术。 （2）陶瓷材料合成制备技术	（1）结构材料轻质化。 （2）材料复合技术。 （3）航空航天技术迅速发展。 （4）陶瓷材料的发展与应用。 （5）人造金刚石。 （6）超导材料与技术。 （7）计算机技术、信息技术。 （8）新材料大量涌现和应用
第五次革命	20 世纪末期	新材料设计与设备加工工艺时代的开始	（1）资源—材料—制品界限的弱化与消失。 （2）性能设计与工艺设计的一体化	（1）生物工程。 （2）环境工程。 （3）可持续发展。 （4）太空时代（太空资源开发、太空旅游）

注　本表出处：谢建新．材料加工技术的发展现状与展望．机械工程学报，2003．

　　以铜的熔炼技术和铸造技术的出现为契机，人类开始掌握对自然资源进行加工的技术，所使用的工具由石器进化到金属，产生了第一次材料及其加工技术的革命，人类的生产和社会活动也因此产生了一次质的飞跃。

　　以大规模炼铁技术和锻造技术为代表的材料加工技术的出现和发展，促成了人类历史上第二次材料加工技术革命的产生。人类从青铜器时代进入铁器时代，工具与武器得到飞跃式发展，生产水平也大幅度地提高。

　　公元 1500 年前后合金化技术的出现与发展，以及 20 世纪初期合成材料技术的发展，推动了近代和现代工业的快速发展，尤其是材料合成技术和复合技术的出现和发展，为人类现代文明做出了巨大贡献。

5

1.3　材　料　与　设　计

　　材料是设计的物质基础，1919 年成立的包豪斯学校就十分重视材料的研究和实际练习。该校教师伊顿曾经写道："当学生们陆续发现可以利用多种材料时，他们就能创造出更具有独特材质感的作品。"材料不但是产品设计的物质基础，而且在产品创新的过程中扮演着重要角色，因此材料设计是产品设计中的关键环节。

　　能够带给人们创新、丰富人们的文化和充实人们自身的，并不是新材料的发现，而是科学家、设计师、手工匠人、建筑师解读新材料，找到新的用途和加工方法来转化它们的过程。回顾现代设计史会发现，每一个设计风格或潮流的更迭总是伴随着新材料的应用，特别是经典的设计对材料的拿捏往往是恰如其分的。对于从事设计的人员来讲，新材料具有两种含义，一种是人类历史中还未曾出现过的材料；另一种是已经出现的还没有被应用到设计中的材料，它们的价值也是不可忽略的。新材料出现以后，设计界一般会出现完全使用新材料打破传统形态和用新材料塑造旧形式并存的现象，这两者之间的矛盾历来是有争议的，有人提倡完全摒弃旧的形式利用新材料的特点创造新的形式，但也不乏用各种新材料诠释旧形式继承和传播传统文化的现象，这种此起彼伏的抗衡反而会对设计的发展起到良好的推动作用。

　　芬兰设计师 Eero Aarnio 从 20 世纪 60 年代开始探索塑料这种新材料的坐具形式，他让家具告别了由支腿、靠背和节点构成的传统形象，如图 1–11 所示，就是他在 1961 年设计的蘑菇小凳（Mushroom Stool），它可以作为一个小桌或凳子，其形制本是来源于 Eero Aarnio 在 1954 年设计的同样形态的藤编小凳（Cane Stool），如图 1–12 所示。

图 1–11　蘑菇小凳（Mushroom Stool）（芬兰设计师 Eero Aarnio 设计）

图片出处：http：//www.dezaakdesign.nl/media/catalog/product/cache/1/image/9df78eab33525d08d6e5fb8d27136e95/m/u/mushroom02_d.jpg

图 1-12　藤编小凳（Cane Stool）（芬兰设计师 Eero Aarnio 设计）

图片出处：http：//www.eero-aarnio.com/index.php/fuseaction/elwin/elwinID/411/slide/3.htm

　　这种藤凳曾在 1960 年由香港的一个家具厂商生产，而第一批 Mushroom Stool 的投产是在 20 世纪 70 年代，但事实上因为各种原因 Mushroom Stool 的量产直到 90 年代末都没有开始。虽然它的影响不及 Eero Aarnio 在 1963 年设计的球椅（Ball Chair）等有名，但是作为对塑料家具的初期实验对设计者是有着跨越性意义的。Ball Chair（见图 1-13）完全打破了传统椅子的形制，它是 20 世纪家具设计史上最知名的椅子，它的概念"房间里的房间"和中国宋明时期的架子床具有一定程度的相似性。

图 1-13　球椅（Ball Chair）（芬兰设计师 Eero Aarnio 设计）

图片出处：http：//homeconcept24.com/media/images/org/Ball-Chair-Eero-Aarnio-011.jpg

Eero Aarnio 真正的创举在于自 1968 年开始设计的一系列形制有机、仿生的塑料椅子，最具标志性的是肥皂椅（Pastil Chair）（见图 1–14），还包括 1971 年设计的番茄椅（Tomato Chair）（见图 1–15）和 1998 年设计的方程式椅（Formula Chair）（见图 1–16）。其中，Pastil Chair 获得了 1968 年美国工业设计奖，在这款椅子的设计中，Eero Aarnio 对塑料的理解和表达是前所未有的，它不仅具有最适合人体形态的形式，而且其适用范围超过了人类历史中出现过的所有椅子，包括在水上、雪地、沙滩、草地等。由此可见，新材料带来的不仅仅是形式的改变，真正高水平的设计将为人们的生活方式带来丰富的可能性。

图 1–14　肥皂椅（Pastil Chair）（芬兰设计师 Eero Aarnio 设计）

图片出处：http : //www.miniland.ca/ItemImages/5207/REC003.jpg

图 1–15　番茄椅（Tomato Chair）（芬兰设计师 Eero Aarnio 设计）

图片出处：http : //archive.liveauctioneers.com/archive4/rosehillauction/18339/0150_4_lg.jpg

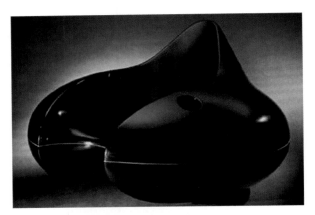

图 1–16　方程式椅（Formula Chair）（芬兰设计师 Eero Aarnio 设计）

图片出处：http : //www.smow.com/out/pictures/z4/adelta-formula2_z-2–5_z4.jpg

当然，新材料对设计师有着极强的吸引力，设计师应该寻找那些以往未被考虑过的材料，并思考这些材料与其他材料之间的关系。在一种简单的材料面前，设计师需要做的是穷尽材料所能实现的可能性，同时保留对材料自身特性的充分理解和尊重。比利时设计师

Kaspar Hamacher 设计的"烧制"木凳（Ausgebrannt Stool）的成型工艺在面对传统加工方式时表现得很不"严肃"，如图 1–17 所示，如果燃烧也算得上是一种工艺，那么"毁灭"也算得上是一种尊重。火燃烧木所留下的肌理、颜色，甚至气味，在高科技背景下竟然具有不可复制性。由此看来，如果不对传统的材料生产方法和加工工艺进行尝试和挑战，就不可能获得令人兴奋的设计回报。不要固执地认为材料仅仅适用于某种特定的工艺方法，不要用一种永恒不变的方法去研究和评估材料的应用价值。不同材料之间的边界正在被重新整合，这也是目前材料发展的整体趋势，传统的材料工艺手段正在被质疑并充满挑战。

图 1–17　"烧制"木凳(Ausgebrannt Stool)（ 比利时设计师 Kaspar Hamacher 设计 ）

图片出处：http : //www.dezeen.com/2011/03/03/ausgebrannt-by-kaspar-hamacher-at-
20-designers-at-biologiska/

　　如图 1–18 所示，发动机、打火机或者电器类的金属配件经过法国雕塑家 Edouard Martinet 的想象加工，就诞生了一系列栩栩如生的机械动物王国。每个动物都没有焊接的地方，看上去每一个零件好像都是为每一个艺术品量身订做的！

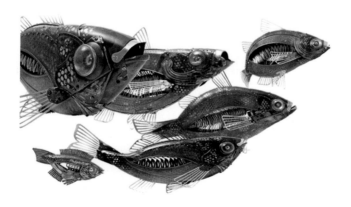

图 1–18　机械动物艺术品（法国雕塑家 Edouard Martinet 设计 ）

图片出处：http : //www.3lian.com/d/file/2011/09/21/b0a67061696712338c0344fcfe740e01.jpg

1.4　设计师的"材料盒"

　　IDEO 最富盛名的工作室领导之一丹尼斯,从孩提时代就开始收集文件、幻灯片、盒子、机械配件等零散的材料,他知道很多设计师都有十分特别的小配件和小玩意儿,于是呼吁大家贡献出自己的收藏,因而便有了这个技术盒(Tech Box)(见图 1–19)。一个为装图纸设计的、交织隔开的带五个抽屉的文件柜展示了各种收藏品,几乎每样东西都贴着标签。Tech Box 很快成了 IDEO 的工作重心,它是活生生的样本。就好像儿童通过移动彩豆知道如何数数一样,工程师和设计师把这个技术盒当作物质和精神的源泉,对它进行观看、感受、触摸、把玩。

图 1–19　技术盒(Tech Box)(美国设计公司 IDEO 设计)

图片出处:http://www.ideo.com/work/tech-box

　　IDEO 的技术盒为我们如何去认识、感受和体验材料提供了一个很好的思路。对从事设计的人员来讲,如果不能很好地驾驭材料并发掘材料的潜在价值,就很难创造出高水平的设计。从前面的经验可以看出,驾驭材料最好的办法就是走近它、感受它、触摸它,对材料进行各种天马行空的尝试,应用非主流的思维方式冲破原有的观念和工艺方法,这是设计师必须有的职业素养。

思　考　题

　　1. 试述设计师、材料、产品之间的关系。

　　2. 请找出日常生活中材料与工艺完美结合的产品,并说明原因。

第 2 章　金　属

2.1　金 属 的 进 化

据史料记载，人类最早利用的金属是自然铜和陨铁。在伊朗西部的阿里喀什安纳托利亚靠近埃尔加尼的卡约努泰佩舍地区，零星发现过公元前 9000～公元前 2000 年的小型铜器件，有小针、小球、小锥等。加工自然铜的最大问题在于它的结构和成分很不均匀，有些铜块含有很大的晶粒，有些还含有很多杂质，不过即便如此，多数自然铜的纯度要比铜矿石的含铜量高得多，如果发现纯度很高的早期制品，则它很有可能是用自然铜制造的。

据估算，地球上大约有 250t 陨铁，其中 99.4% 是可锻的，但因它常含有 10% 的镍，所以比铜要硬且难以加工。例如，在北格陵兰发现了一把爱斯基摩人的小刀，它由装在海象牙上的陨铁片制成。其实在远古时代，赤铁矿石就常见于宗教或丧葬的仪式中，新石器时代，矿石粉还被用作粉刷墙壁。大约公元前 4000 年，埃里杜和苏沙（伊朗古城邦）将赤铁矿涂在打磨好的陶器上。在埃及和美索不达米亚地区，这种矿石曾被用作化妆品。由此看来，金属在诞生之初就开始发挥装饰作用了。

另外两种自然金属是金和铂。金几乎都是以自然金形式存在的，金块由于其良好的延展性而被石器时代的人们所注意。不过有趣的是，没有一件金制品是公元前 5000 年以前的。和黄金一样，铂也以水生颗粒状态存在于冲积沙砾中，这种沙砾中含有 50%～80% 的铂。铂的产地主要在美洲，特别是哥伦比亚和厄瓜多尔，上述国家已发现含有大量铂的实物，埃及也曾发现铂的小片。但是，当时的人们并未意识到铂是自成一类的金属。

人工冶炼金属的历史始于一种铜锡合金，即青铜。青铜的产生大大促进了生产力的发展，推动了社会的进步，因此考古学家和史学家习惯称这一时期为青铜器时代。青铜最早用于制作装饰品以及日常生活中所使用的工具和兵器，后来又逐渐延伸到造像以及各种礼器。中国的冶铜术是自身发展起来还是来自于小亚细亚学术界仍有争论，不过从目前的史料来看，无疑在公元前 2000 年的中国还没有冶铜术。公元前 1500 年以后，中国开始进入殷商时代，这一时期的代表性作品就是青铜器。

一般认为最早的铁器时代肇始于小亚细亚，这很大程度上是因为炼铜的历史很长久，在青铜器时代，铜矿石的冶炼已经采用氧化铁作为溶剂，这很可能使铁在炉的底部被还原，从而使炉底含有很多可锻的铁。由于铁非常稀贵，因此它最初被用于小件的珠宝上。在公元前 1200～公元前 1000 年大规模地用铁来制造武器的时候，铁的产量开始突飞猛进。

铁良好的延展性取代了青铜承受不了强力打击的缺憾，由此可知公元前约 11 世纪卢里斯坦工匠制造铜柄铁剑的原因。

中国在公元前 600 年左右开始步入铁器时代，但是和世界其他地区相比，中国铁器时代的到来是缓慢的，铁的最早实物是制作了 87 件铸铁范（铁块），供铸造锄头、镰刀和凿之用（公元前 475～公元前 221 年）。根据文字资料，公元前 512 年铸造铁釜，公元前 5 世纪开始制造铁质兵器，不过这些兵器不是用铸铁制造的而是用锻铁制造的。

继青铜器时代和铁器时代后，金属冶炼技术经历了缓慢而漫长的发展过程，直到近代工业革命以后，炼钢技术的改进和产量的提高以及合金的逐步成熟出现了冶炼金属的又一繁荣时期，这时已很难像以前一样被称为具有标签性质的某时代了，但是，铝的出现还是为人类对金属的使用带来了巨大的变化。1827 年，德国科学家韦勒通过电解氢氧化钾和矾土的混合物制成了金属铝，不过采用这种制法的铝产量很低。后来德维尔通过将无水氯化钠和纯净的钠一起熔融，得到了铝和氯化钠，德维尔的方法被证明是最成功的。1855 年，巴黎博览会展出采用德维尔法制作的铝棒的生产成本约为 130 英镑 / kg，后来科学家又发明了廉价生产钠的工艺，因此铝的价格降为 5.50 英镑 / kg，直到 19 世纪末电解铝的方法被广泛应用于商业冶铝之后，铝的成本降为 0.44 英镑 / kg。1966 年，铝的产量已经高达 8.3 百万 t / 年，这意味着铝已经成为世界上第二种最重要的金属。值得注意的是，我国在公元 300 年就生产出了最早的铝合金，这是一种富铜的铝合金（铝青铜），由火法还原铜、铝矿物而得。

再后来对人类发展产生过巨大影响的就是不锈钢，这种合金目前已经无处不在了。不锈钢的发明和使用，要追溯到第一次世界大战时期。当时，英国科学家亨利·布雷尔利受英国政府军部兵工厂委托研究武器的改进工作。那时，士兵用的步枪枪膛极易磨损，亨利·布雷尔利想发明一种不易磨损的合金钢。1912 年，亨利·布雷尔利在谢菲尔德的实验室制成了一种不易磨损、耐腐蚀的合金，即不锈钢。1915 年，这位冶金科学家在纽约时报上向世人宣布了这一发明，1929 年英国的萨伏伊宾馆在建设中便使用了这种材料，同年，不锈钢的发明在美国申请专利并开始规模化生产，从此人类使用金属的面貌又开始了漫长的进化过程［目前，据奥地利的咨询公司 SMR（钢材金属市场研究公司）透露，2010 年全球不锈钢产量达 3220 万 t］。

2.2 金 属 的 属 性

金属自诞生之初，因为加工的难度和优于其他材料的性能而具有一种贵族气质。纵观世界冶金史，不管是最早被人们发现和利用的自然铜和陨铁还是后来的冶铜术，以及金、银、铂等，都无一例外地为古城邦的上流社会服务。直到后来铁器的逐渐普及，金属的使用才开始向下层社会倾斜，金属制品的种类也从最开始的装饰品、各种礼器向平民使用的农具等发展延伸。金属是一种具有光泽（即对可见光强烈反射），富有延展性和良好的导电性、导热性及机械性能，并具有正电阻温度系数的物质。通常，人们根据金属的颜色和性质等特征把金属分成黑色金属和有色金属两大类，见表 2–1。

表 2–1　　　　　　　　　　　　　　常见金属分类

类　别		举　例
有色金属	轻有色金属（密度在 4.5kg/m³ 以下）	铝、镁、钠、钾、钙等
	重有色金属（密度在 4.5kg/m³ 以上）	铜、镍、铅、锌、锡等
	贵有色金属	金、银、铂等
	半金属（物理性能介于金属和非金属之间）	硅、砷、碲等
	稀有金属	钨、钛等
黑色金属	铁	
	钢（含碳量为 0.04%～2%）	

　　图 2–1 所示为瑞典设计师 Guise 设计的时装店货架，其特色是大部分货架都是从天花板翩然而下，有点像手风琴的样子，黑色的薄金属做成的陈列架煞有个性。

图 2–1　时装店货架（瑞典设计师 Guise 设计）

图片出处：http：//pic.enorth.com.cn/0/07/28/96/7289661_871375.jpg

2.2.1　金属的基本性能

固态金属有许多共性：①良好的导电性和导热性；②正的温度电阻系数（即温度上升时，其电阻也增加）；③超导性（在接近绝对零度的一个范围内，电阻接近于零）；④良好的光反射性、不透明性及金属光泽；⑤良好的塑性变形能力。

固态金属的这些共同特性是与其原子和分子结构以及金属的晶体结构密切相关的。所谓晶体，是指原子（或分子）在三维空间做有规则的周期性重复排列的固体。而非晶体就不具备这一特点，这是两者的根本区别。所有固态金属和合金都是晶体。

金属晶体的晶胞，最常见的有以下三种结构（见图 2–2）。

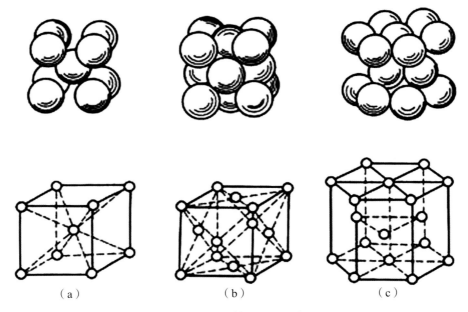

（a）　　　　　　　　　（b）　　　　　　　　　（c）

图 2–2　金属晶体的晶胞示意图

（a）体心立方；（b）面心立方；（c）密排六方
图片出处：http://www.sxjdxy.org/jpkc/jgnew/dzja/5_clip_image006.jpg

（1）体心立方。如铬（Cr）、钼（Mo）、钨（W）、钒（V）、α 铁（α-Fe）等，该类金属的晶胞结构如图 2–2（a）所示，是在正六方体体心的位置上增加一个金属离子。因此，每个体心立方晶胞含有 9 个金属离子。

（2）面心立方。如铝（Al）、铜（Cu）、镍（Ni）、铅（Pb）、γ 铁（γ-Fe）等，该类金属的晶胞结构如图 2–2（b）所示，是在正方体各表面的正中各增加一个金属离子。因此，每个面心立方晶胞含有 14 个金属离子。

（3）密排六方。如镁（Mg）、锌（Zn）、铍（Be）等，该类金属的晶胞结构如图 2–2（c）所示，是在六方柱体上在上下底面的中心各增加一个金属离子，并在互相间隔的三个侧棱中点再各增加一个金属离子。因此，每个密排六方晶胞含有 17 个金属离子。

2.2.2 金属的机械性能

金属的机械性能见表 2–2。

表 2–2　　　　　　　　　　　　金属的机械性能

名　称	定　义	备　注
强度	材料在外力（荷载）作用下，抵抗变形和断裂的能力	抗拉强度、抗压强度、抗弯强度、抗剪强度等
硬度	材料抵抗其他硬物压入其表面的能力	常用硬度按其范围测定可分为布氏硬度（HBS、HBW）和洛氏硬度（HRA、HKB、HRC），硬度越高，耐磨性越好
刚度	受外力作用的材料、构件或结构抵抗变形的能力	用于齿轮轴
塑性	在外力作用下产生塑性变形而不被破坏的能力	用于锻压、冷冲、冷拔等压力加工
弹性	产生变形之后，取消外力可以恢复到原来形状的能力	用于弹片、弹簧等
疲劳极限或疲劳强度	金属材料在无限多次交变应力作用下，不致引起断裂的最大应力	用于轴、齿轮、轴承、叶片、弹簧等

2.3　金　属　工　艺

2.3.1 铸造

将熔化了的液态材料注入模具型腔中可以铸造出各种各样的金属产品。铸造一般用于生产金属零件毛坯，适用于批量生产，而且成本低、灵活度高、适用范围广。在现代产品设计中，有时为追求独特的视觉效果和审美体验也会选择铸造工艺作为产品的最终呈现方式。但是铸造的产品往往公差较大，且容易产生内部缺陷。

铸造类型及特点见表 2–3。

表 2–3　　　　　　　　　　　　铸造类型及特点

铸造类型	方　法	特　点
砂型铸造	将液态金属注入砂型型腔内	工艺设备简单，适应性强
熔模铸造（失蜡铸造）	先制蜡模，然后制壳脱蜡，最后造型浇注	为精密铸造，无分型面，工序较多，周期长，适合小铸件
金属型铸造	将液态金属注入金属铸型	结构精密，力学性能好
压力铸造	以高压将液态金属射入模腔	生产效率高，能产生装饰效果
离心铸造	以离心力将轴心的金属溶液附着在内轴壁上	能减少气孔，多用于铸造管件

（1）砂型铸造。砂型铸造是最原始和最基础的铸造方式，其工艺流程如图 2–3 所示。

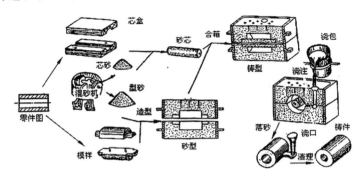

图 2–3　砂型铸造工艺流程

图片出处：http：//etc.scu.edu.cn/CreateLiveCMSv4.2_Access/UpLoadFiles/
jiaoxuepingtai/2009-1/2009011101353313347.jpg

1）生产工艺准备。根据要生产的零件图、生产批量和交货期限，制订生产工艺方案和工艺文件，绘制铸造工艺图。

2）生产准备。包括准备熔化用材料、造型制芯用材料和模样、芯盒、砂箱等工艺装备。

3）造型与制芯。

4）熔化与浇注。

5）落砂清理与铸件检验等主要工序。

如图 2–4 所示为 Philippe Starck 设计的凳子（W.W.Stool），就是通过砂型铸造硬铝而成的，制成之后在凳子表面涂覆一层光洁的蓝漆。由此可以看出，砂型铸造可以实现光滑的曲面和优美的过渡曲线，而且面面转换的连贯性使得产品显得不生硬，造型优雅，浑然一体，具有良好的亲和力。

图 2–4　凳子（W.W.Stool）（法国设计师 Philippe Starck 设计）

图片出处：http://luciotraficante.files.wordpress.com/2009/11/banqueta-w-w-stool.jpg

（2）熔模铸造。熔模精密铸造（也称失蜡铸造），是一种少切削或无切削的铸造工艺，是铸造行业中的一项优异的工艺技术，其应用非常广泛。它不仅适用于各种类型、各种合金的铸造，而且生产出的铸件尺寸精度、表面质量比其他铸造方法要高，甚至用其他铸造方法难以铸得的复杂、耐高温、不易于加工的铸件，均可采用熔模精密铸造铸得。

所谓熔模铸造工艺，简单说就是用易熔材料（如蜡料或塑料）制成可熔性模型（简称熔模或模型），在其上涂覆若干层特制的耐火涂料，经过干燥和硬化形成一个整体型壳后，再用蒸汽或暖水从型壳中熔掉模型，然后把型壳置于砂箱中，在其四周填充干砂造型，最后将铸型放入渗透焙烧炉中（如采用高强度型壳，可不必造型而将脱模后的型壳直接焙烧），铸型或型壳经高温焙烧后，于其中浇注熔化了的金属而得到铸件。

熔模铸造工艺过程如下：

1）制作母模。母模是铸件的基本形状，用于制作压型。

2）制作压型。压型是制作蜡模的特殊铸型，常用钢和铝合金加工，小批量铸造时可采用易熔合金、石膏或硅橡胶制作。

3）制作蜡模。制作蜡模的材料主要有石蜡、蜂蜡、硬脂酸和松香等，常用50%石蜡和硬脂酸的混合料，将熔化好的液态蜡倒入压型内，同时不断地翻转压型，使液态蜡形成均匀的蜡模，待液态蜡冷却成固态以后，将其从压型中取出，修毛刺后得到蜡模。批量生产时可以将多个蜡模组装成蜡模组，有利于提高生产效率。

4）制作型壳。在蜡模上均匀地刷一层耐火材料（如水玻璃溶液），洒一层耐火砂，使之硬化成壳。如此反复涂三四次，便形成具有一定厚度的由耐火材料构成的型壳。

5）脱蜡。将制作好的型壳放入炉中烘烤，回收熔化后流出的液态蜡，从而得到一个中空的型壳。

6）焙烧和造型。将型壳进行高温焙烧，以增加型壳强度。为进一步提高型壳强度，防止浇注时型壳变形或破裂，可将型壳放入箱体中，周围用干砂填充。

7）浇注。将型壳保持在一定温度，浇注金属溶液。

8）脱壳。待金属凝固后，去除型壳，切去浇口，清理毛刺，获得所需的铸件。

熔模铸造尺寸精确，不需再加工或只需少量加工，铸件表面光洁，无分型面，适用于多种金属及合金的中小型、薄壁、复杂铸件的生产。但熔模铸造工艺工序较多，生产周期较长，受型壳强度限制，铸件质量一般不超过25kg。

（3）金属型铸造。金属型铸造又称硬模铸造，它是将液态金属浇入金属铸型，以获得铸件的一种铸造方法。对于铸件的大批量生产，砂型制造是一个烦琐的过程，因此，在有些场合可以利用金属型来进行浇铸。

（4）压力铸造。压力铸造（简称压铸）的实质是在高压作用下，使液态或半液态金属以较高的速度充填压铸型（压铸模具）型腔，并在压力下成型和凝固而获得铸件的方法。

工艺过程：合型浇注、冷却、开型、取件等。

这种铸造方法较多用于用锌合金等制造中小型壳体类零件。

（5）离心铸造。将熔化了的金属浇入高速旋转的铸型里，使金属溶液在离心力的作用下充型并凝固成铸件的铸造方法。

2.3.2 锻造

锻造是将材料加热到特定的温度，然后使用专业的设备对金属施加一定的压力以达到一定的造型。金属锻造的优点在于材料能够保留其原有的强度，单件产品可以使用铁砧和锤子进行锻打，批量生产通常使用工业方法对金属材料施加一定的压力。锻造能改善材料的结构和性能，并且损耗小。适用于锻造的金属材料主要有低碳钢、有色金属及合金等。锻造类型及特点见表2-4。

表 2-4   锻造类型及特点

锻造类型	方　法	特　点
自由锻	用手工锻打或机械使金属变形，需将适当加热、软化后的金属（主要是钢）坯料放在下砧铁上，利用上砧铁快速下降的冲击力或缓慢施加的压力使坯料变形	产量低，多用于金属装饰工艺
模锻	将加热、软化后的金属（主要是钢）坯料放在具有一定形状的锻模型腔内，用上下锻模快速接近的冲击力或缓慢施加的压力使其变形	用模锻加工后的毛坯形状与尺寸的精度较高，后续机械加工的切削余量要比自由锻小得多
轧制	将金属坯料通过一对旋转轧辊间的间隙（间隙可以按要求设计成不同形状），因受轧辊的压缩使材料产生塑性变形，截面减小，长度增加，同时获得一定截面形状的加工方法	多用于加工型材、板材、管材
挤压	挤压是将金属坯料放入挤压筒内，在压力作用下使坯料从模孔中挤出，从而获得符合模孔截面的坯料或制件的加工方法	易控制截面形状
拉拔	将金属坯料通过一定形状的模孔而获得合适尺寸的小截面积毛坯或制品的工艺过程	适用于各类金属线材、薄壁管、特殊几何形状的型材
冲压	利用装在压力机上的冲模，对板料加压，使其产生分离或变形，从而获得所需制件的一种加工方法	适合批量生产

锻造是一种很古老的工艺，古代的手工匠人习惯用锻造法加工精美的装饰品，因为锻造必须用手锤、锻锤或压力设备对金属坯料施加压力，所以通过锻造工艺生产的产品形态通常表现出一种金属的独特张力。

图 2-5 所示为荷兰设计师 Marijn van der Poll 设计的敲击坐椅（Do Hit Chair），是一个厚度为 1.25mm 的不锈钢方盒子，如果购买了这件产品，还会获得一把长锤，然后根据自己的想象敲打出想要的形状，锻打的乐趣被演绎得淋漓尽致。

图 2-5　敲击坐椅（Do Hit Chair）（荷兰设计师 Marijn van der Poll 设计）

图片出处：http：//uncrate.com/stuff/do-hit-chair/

2.3.3　切削

切削最大的特点是冷加工，即用切削工具将金属工件的多余量切去。切削加工能达到预期的产品形状和表面质量，且加工的精度很高。切削加工方式和特点见表 2-5。

表 2-5　　　　　　　　　　　　　　切削加工方式和特点

加工方式	特　点	适用范围
车削	车削加工时，工件旋转，车刀在平面内做直线或曲线移动	用于加工内外圆柱面、端面、圆锥面、成型面和螺纹等
铣削	铣刀旋转，工件或铣刀做进给运动	加工平面、沟槽、各种成型面（如花键、齿轮、螺纹）和模具的特殊型面
刨削	刨刀与工件做水平方向相对直线往复运动	加工平面、沟槽，精度低
磨削	利用高速旋转的砂轮等磨具加工工件表面的切削加工方法，工件固定	加工工件内外圆柱面、圆锥面和平面，以及螺纹、齿轮和花键等特殊、复杂的表面
钻削	钻头高速旋转，工件固定	钻孔、扩孔、锪孔
镗削	利用旋转的单刃镗刀把工件上的预制孔扩大到一定尺寸，使之达到要求的精度和表面粗糙度的切削加工方法	加工箱体、支架和机座等工件上的圆柱孔、螺纹孔、孔内沟槽和端面；当采用特殊附件时，也可加工内外球面、锥孔等
钳工	以手工操作为主，利用手动工具和手工工具进行切削加工、产品组装、设备维修的手法	锉削、划线、装配、修理等

2.3.4　焊接

焊接是充分利用金属材料在高温下易熔化的特性,使金属之间相互连接起来的方法,它是最重要的辅助加工方法。焊接效果的好坏取决于金属的化学成分和焊接方法,例如碳钢的含碳量越低,焊接性越好。焊接类型及特点见表2-6。

表 2-6　　　　　　　　　　　　　　焊接类型及特点

分　类	特　　点
熔焊	在焊接过程中将工件接口加热至熔化状态,不加压力完成焊接的方法
压焊	在加压条件下,使两工件在固态下实现原子间接合,又称固态焊接,如点焊、缝焊、对焊等
钎焊	使用比工件熔点低的金属材料作钎料,将工件和钎料加热到高于钎料熔点、低于工件熔点的温度,利用液态钎料润湿工件,填充接口间隙并与工件实现原子间的相互扩散,从而实现焊接的方法,如加工薄壁件

2.3.5　表面处理

金属的表面处理作为保护材料本身和美化产品的重要手段,对产品设计是十分重要的,主要分为着色工艺和肌理工艺。金属表面处理工艺分类见表2-7。

表 2-7　　　　　　　　　　　　　金属表面处理工艺分类

类　　别			
类　　别	着色工艺	化学着色	通过金属表面和特定溶液的化学反应生成金属化合物的膜层
		电解着色	通过电解使金属表面发生反应而生成带色膜层
		阳极氧化	在溶液中通过化学或电解的方法让金属表面生成能吸附染料的膜层或使金属与染料微粒共析形成复合带色镀层
		镀覆着色	采用电镀、化学镀、真空蒸发沉积镀等,在金属表面沉积金属、金属氧化物或合金形成均匀膜层
		涂覆着色	采用浸涂、刷涂、喷涂等方法,在金属表面涂覆有机涂层
		珐琅着色	在金属表面覆盖玻璃质材料,经高温烧制形成膜层
		热处理着色	通过加热让金属表面形成带色氧化膜
		传统着色	做假锈、贡齐镀、镀锡、鎏金、鎏银等
	肌理工艺	锻打	利用不同型号的锤头在金属表面锻打形成层层叠叠的点状肌理
		抛光	以研磨工具将金属表面磨光
		镶嵌	在金属表面刻出阴纹,嵌入金银丝、片等质地较软的金属材料,然后打磨平整
		蚀刻	用化学酸腐蚀事先经过设计的金属外露表面,被覆盖的金属表面和经过腐蚀的表面形成纹样

2.4 设计中常用的金属材料

2.4.1 钢铁材料

钢铁材料是工业生产中应用最为广泛的金属材料，具有优良的强度和塑性。

钢铁材料也称为黑色金属，是指铁和铁的合金，如钢、生铁、铁合金、铸铁等。钢和生铁都是以铁为基础，以碳为主要添加元素的合金，统称为铁碳合金。

生铁是指把铁矿石放到高温炉中冶炼而成的产品，主要用来炼钢和制造铸件。

把铸造生铁放在熔铁炉中熔炼，即得到铸铁（液状，含碳量大于 2.11% 的铁碳合金），把液状铸铁浇铸成铸件，这种铸铁叫铸铁件。

铁合金是由铁与硅、锰、铬、钛等元素组成的合金，它是炼钢的原料之一，炼钢时用作钢的脱氧剂和合金元素添加剂。

含碳量低于 2.11% 的铁碳合金称为钢，把炼钢用生铁放到炼钢炉内按一定工艺熔炼，即得到钢。钢的产品有钢锭、连铸坯和直接铸成各种钢铸件等。通常所讲的钢，是指轧制成各种钢材的钢。

常见钢铁材料的分类见表 2-8。

表 2-8　　　　　　　　　　　常见钢铁材料的分类

种 类	分 类 依 据	应 用 性
工业纯铁	含碳量低于 0.02%	塑性很好，强度低，较少应用
钢	含碳量为 0.02%～2.11%	种类多，应用广
铸铁	含碳量为 2.11%～4%	加工性能好，耐磨减振，成本低

常见铸铁分类及特点见表 2-9。

表 2-9　　　　　　　　　　　常见铸铁分类及特点

类 别	含 义	特 点
灰口铸铁	指具有片状石墨的铸铁，端口为暗灰色，是最常见的铸铁	有极好的抗疲劳性和减振性
可锻铸铁	由白口铸铁经石墨化退火处理获得，其中碳大部分或者全部以团状石墨形式存在	极好的塑性和韧性
白口铸铁	其中碳全部以渗碳体（Fe_3C）形式存在，断口呈银白色	硬度高、脆性大
球墨铸铁	铁水在浇注前经球化处理，其中碳大部分以球状石墨形式存在	良好的可加工性、疲劳强度和较高的弹性模量
蠕墨铸铁	液态铁水经变质处理和孕育处理随之冷却凝固，它的石墨形态介于片状石墨和球状石墨之间	性能介于灰口铸铁和球磨铸铁之间，耐磨性好

常见钢材分类见表 2–10 和表 2–11。

表 2–10 **常见钢材分类（按成分分类）**

类别	品 种		应 用
碳素钢	普通碳钢		钢筋
	碳素结构钢		小轴
	碳素工具钢		锉刀
合金钢	合金结构钢	低合金结构钢	桥梁
		渗碳钢	活塞销
		调质钢	进气阀
		弹簧钢	汽车板簧
		滚动轴承钢	轴承内圈
		易切削结构钢	切削加工生产线
	合金工具钢	刃具钢	丝锥、铣刀
		模具钢	模具
	特殊性能钢	不锈钢	厨具
		耐热钢	锅炉吊钩
		耐磨钢	挖掘机铲斗

表 2–11 **常见钢材分类（按形状分类）**

类别	品 种	概 念
型材	重轨	大于 30kg/m 的钢轨
	轻轨	小于或等于 30kg/m 的钢轨
	型钢	圆钢、方钢、扁钢、六角钢、工字钢、槽钢等
	线材	直径为 5～10mm 的圆钢和盘条
	冷弯型钢	冷弯成型制成的型钢
	优质型材	优质圆钢、方钢、扁钢、六角钢等
	其他钢材	重轨配件、车轴坯、轮箍等
板材	薄钢板	厚度小于或等于 4mm 的钢板
	厚钢板	厚度大于 4mm 的钢板
	钢带（带钢）	长而窄并成卷供应的薄钢板
	电工硅钢薄板	硅钢片或矽钢片
管材	无缝钢管	用热轧、冷轧、冷拔或挤压等方法生产的管壁无接缝的钢管
	焊接钢管	将钢板或钢带卷曲成型，然后焊接制成
金属制品	包括钢丝、钢丝绳、钢绞线等	

2.4.2 铝及铝合金

铝目前是工业生产中用量最大的有色金属，铝制产品从家用电器到建筑构件、公共设施等已经无处不在。铝具有优良的特性，区别于其他金属的主要优点是密度小（约为 $2.7g/cm^3$），属于轻金属，但同时又具有仅次于金、银、铜的良好的导电性和导热性。纯铝是银白色，在大气中表面会氧化成一层致密的氧化膜（三氧化二铝），但是铝不耐酸、碱、盐的腐蚀，因此在铝中加入铜、硅、镁、锌、锰等合金元素，不仅保持了其质轻的特点，而且也能达到或者超越钢的强度值，并具有优良的表面处理性能。

铝合金分类见表2-12。

表 2-12　　　　　　　　　　　　铝合金分类

类　别	品　种	特　点	应　用
变形铝合金	防锈铝合金	抗腐蚀性、焊接性好，强度低	管道、容器
	硬铝合金	机械性能高	产品构件
	超硬铝合金	强度最高（室温条件）	高荷载部件
	锻造铝合金	铸造性能好	高温下工作的结构件
铸造铝合金	铝—硅系	铸造性能好、机械性能较低	形状复杂的壳体
	铝—铜系	耐热性好，抗腐蚀性差	高温强度下工作的机件
	铝—镁系	机械性能高、抗腐蚀性好	在腐蚀条件下工作的构件
	铝—锌系	常用于压铸	日用品和交通工具

如图2-6所示的iPad保护套采用了硬铝A2017制作，保护套本身的质量仅为290g，套上iPad后为990g。硬铝A2017常用于航空领域，具有强度高、质轻、易加工等优点。

图 2-6　iPad 保护套（High Defender）（日本制造商 Factron 生产）

图片出处：http://www.geekstuff4u.com/catalog/product/gallery/id/2464/image/12985/

2.4.3　铜及铜合金

铜及铜合金是人类历史上应用最早的有色金属，纯铜呈现玫瑰色，表面氧化后呈紫色。纯铜质地柔软，有极好的延展性，可以加工成铜箔和铜丝。但是因为铜在自然界中的含量较少、成本高、密度大（为 $8.9g/cm^3$），所以铜器在日常生活中并不多见，而由于其具有良好的导电、导热性能被广泛应用于各种精密仪器的元件和电路中。在铜中加入一定量的锌、锡、铝等元素，就会形成性能优良的铜合金。铜合金分类见表 2-13。

表 2-13　　　　　　　　　　　　　铜合金分类

俗　称	品　种	特　点
黄铜	铜锌合金	导电、导热性强，机械加工性能优良，耐腐蚀
青铜	铜锡合金	有极强的抗腐蚀性
白铜	铜镍合金	质地较软，耐腐蚀性好

中国先秦时期，已经出现铜制货币，如图 2-7 所示为先秦刀币模型。

中国的铜钱多为铸钱，这是与古代中国发达的青铜铸造技术分不开的。铜在中国古代有着非同一般的地位，坚硬的质地、金黄灿烂的色泽都是它备受欢迎的重要原因，被称为"吉金"、"金"，成为制作各种重要器物的首选材料，而相应地，铸铜技术也就成了那个时代最为精密和高级的手工技术，如图 2-8 所示为久负盛名的青铜器——四羊方尊。

图 2-7　中国古币

图片出处：http : //knowledge.shuobao.com/qianbihuoquan/xianqin/29615.htm

图 2-8　四羊方尊

图片出处：http : //www.nipic.com/show/1/24/fb8df2803b923f73.html

2.4.4 钛及钛合金

钛为银白色高熔点的轻金属，密度为 4.54 g/cm³，具有良好的耐腐蚀性和耐热性，硬度高、抗氧化能力强、稳定性高、塑性好，极易加工成型。钛合金是以钛为基础加入适量的铬、锰、铁、铝等元素而形成的多元合金，被广泛应用于航空、化工、机械等工业领域。钛合金分类见表 2–14。

表 2–14　　　　　　　　　　　　　　　钛合金分类

按合金组织结构分类	α 钛合金
	β 钛合金
	α + β 钛合金
按用途分类	耐热钛合金
	耐蚀钛合金
	高强钛合金
	低温钛合金
	特殊功能钛合金

钛合金弹簧和钛合金自行车如图 2–9 和图 2–10 所示。

图 2–9　钛合金弹簧

图 2–10　钛合金自行车（美国设计师 Paul Budnitz 设计）

图片出处：http：//www.metroasis.com.tw/images/product/201004261554220.jpg

图片出处：http：//idea1983.com/wp-content/uploads/2011/11/13712200fa7e72d2ea38ba8d2c5a112b.jpg

2.5　金属应用的可能性

金属的加工和应用是人类最古老的工艺，它的迷人之处在于恒久不变的张力，能刚能柔、能屈能伸，所以在传统造物中应用极广，对现代产品的创新设计也发挥着重要作用。随着高科技的发展和审美取向的变化，金属应用的可能性不断被拓展，金属的存在形式和加工工艺频繁地挑战传统模式，因此各种精妙的产品设计随之诞生。以其金属独特的形式美法则，不仅满足了使用功能，同时运用不同的加工工艺，来展现不同的视觉效果和审美文化。

只有勇于探索未知的领域并且敢于对不同的可能性进行尝试，不拘泥于传统和常见的加工工艺，才是材料创新的不二法门。远古时期，金属被人们用来制造各种装饰品、兵器等，这些金属制品多由铸造、锻造工艺制成。由于工艺相对粗糙，使这些金属制品显得笨重，因此对人们的生活方式产生的影响也是十分有限的。正是在农耕中对铁器的需求，才使得铁作为一种廉价金属逐渐深入到人们的日常生活中。而到了文艺复兴时期，从事铁艺、金银等古老手工艺的匠人们对现代设计注入了灵性，使得单一金属材料的加工有了质的飞跃。

铁艺（英文 blacksmith），有着悠久的历史。图 2-11 所示的圣彼得堡铁艺艺术家 Egor Bavykin 从事铁艺超过 15 年，擅长设计、铁艺、雕塑等艺术。2002 年参加欧洲铁艺交流会议时，他讲到：铁艺是我生活的全部，我的生活价值在金属熔化、塑形、焊接以及它的耐用性中得以体现。但是更多的现代设计师越来越难以专注于某一种金属材料，在多样化的金属材料面前，设计师很容易在没有完全了解某一材料之前就轻易忽视它。因此，能像铁匠、银匠等从事金属手工加工的艺人们一样去全面认识和熟悉材料对设计是有相当大的启发性和价值的。

图 2-11　圣彼得堡铁艺艺术家 Egor Bavykin

图片出处：http://note.mg12.ru/Mg12exhibition_en.html

自现代设计诞生以来，金属材料的使用在设计史上也是具有代表性的。1925 年，Marcel Breuer（马谢·布鲁尔）从弯曲的自行车把手中获得灵感，设计了著名的瓦西里椅（Wassily Chair），如图 2-12 所示。这款椅子的材料使用了不锈钢和 PVC 皮带，在椅子的发展史上是具有开创性的。

Wassily Chair 产生以后，Marcel Breuer 尝试设计了多种不锈钢管家具，并延续了 Wassily Chair 的整体家具以及著名的巴塞罗那椅，这些设计的产生对现代设计的发展产生了重大影响，如图 2-13 所示。

图 2-12　瓦西里椅（Wassily Chair）（德国设计师 Marcel Breuer 设计）

图片出处：http ://www.lifeinteriors.com.au/Images/Marcel_Breuer_Wassily_Chair_Black_Pic2.jpg

图 2-13　不锈钢管系列家具（德国设计师 Marcel Breuer 设计）

图片出处：http ://kunst.gymszbad.de/produkt-design/menue/designer_a-z/breuer.htm

　　20 世纪 50 年代，意大利设计师 Harry Bertoia 在宾夕法尼亚成立了自己的设计工作室，开始动手设计金属网结构的家具，其中就包括了大名鼎鼎的钻石椅（Diamond Chair），如图 2-14 所示。这把椅子以金属焊接方法著称，现在依然是金属焊接家具中最重要的经典作品。流畅、自然、强烈雕塑感的椅面和精巧的椅腿全部为不锈钢制作，Diamond Chair 产生以后引起巨大轰动，一时间媒体纷纷报道，并且市场热销。这把椅子和其他同类型的金属焊接椅子，成为诺尔公司的"别尔托亚系列"（the Bertoia Collection for Knoll）。

　　另外，以色列设计师 Ron Arad（诺恩·阿拉德）在优质钢片的设计探索中也有着很惊人的表现，1986 年，他设计了极具张力的好脾气椅（Well Tempered Chair），如图 2-15 所示。该椅子采用 1mm 厚的柔性钢片制成，很好地利用了优质钢片韧性好的优点，通过弯曲和卷折体现出钢片的独特魅力。从 Ron Arad 之后的设计探索中也可以看出，他对钢片的视觉美感拿捏得入木三分。1997 年，Ron Arad 设计了不切割扶手椅（Fauteuil Uncut Chair），如图 2-16 所示，椅面和椅背简化为一张铁皮，舒适的座位空间经过冲压成型，在通常情况下，方铁皮的边料将被修剪，而 Ron Arad 正是抓住了这一细节，并宣言不修剪，因此椅面的四角棱角分明，咄咄逼人，将钢片的张力和韧性发挥到极致，给人带来的视觉冲击很强。

图 2–14　钻石椅(Diamond Chair)（意大利设计师 Harry Bertoia 设计）

图片出处：http : //www.interioraddict.com/designer-lounge-chairs-c8/harry-bertoia-style-diamond-chair-p135

图 2–15　好脾气椅（Well Tempered Chair）（以色列设计师 Ron Arad 设计）

图片出处：http : //www.hypebeast.com/image/2009/06/ron-arad-no-discipline-exhibition-2.jpg

图 2–16　不切割扶手椅（Fauteuil Uncut Chair）（以色列设计师 Ron Arad 设计）

图片出处：http：//www.pixelcreation.fr/fileadmin/img/sas_image/galerie/design/ron_arad/14-Uncut.jpg

　　如图 2–17 所示，这款用不锈钢打造的不规则多面椅形式简洁，光滑干净的表面宛如钻石切割，在不考虑舒适度的情况下还是很让人心动的。

图 2–17　不锈钢不规则多面椅

图片出处：http://jiaju.sina.com.cn/images/bj/jz/U3419P746T3D34103F346DT20091214113359.jpg

　　如图 2–18 所示，西班牙设计团队 Harry&Camilla 工作室设计的泡沫金属椅，目前在 Tenerife 设计艺术节上被展览，这款椅子由金属制成，加上大量的泡沫设计。

图 2-18　泡沫金属椅（西班牙设计团队 Harry&Camilla 设计）

图片出处：http：//www.chinarootdesign.com/Upload/129031207162812500.jpg

历史经验告诉我们，探究材料的可能性十分重要，但也不必把所有的精力都投入到常用的材料上，尝试那些在产品设计中较少用到的材料，也能取得丰厚的设计回报。通常设计师可能会通过材料使用习惯来构建自己的设计风格，有不少设计师更偏向一些不被重视的和经常使用的材料。例如，英国设计师 Tom Dixon 对黄铜就有着一定的偏好，在他 2007 年设计的冲击器皿（Beat Vessels）系列地板花瓶中，黄铜体现出一种古色古香、稳重的沧桑感，如图 2-19 所示。

图 2-19　冲击器皿（Beat Vessels）（英国设计师 Tom Dixon 设计）

图片出处：http：//www.tomdixon.net/products/us

2010 年，Tom Dixon 又设计了利用数理原理造型黄铜材质的蚀刻灯具（Etch Light），却极显轻盈与现代，如图 2-20 所示。可见一种材料的审美特性虽然具有一些美学共识，但改变这些共识更取决于设计师非凡的创造力。

图 2-20 蚀刻灯具（Etch Light）（英国设计师 Tom Dixon 设计）

图片出处：http：//www.tomdixon.net/products/us/etch-light-brass-flat-packed

以色列 Naked Id 工作室，擅长设计一些 DIY 性质的金属薄片产品，包括灯具，如图 2-21 所示。

图 2-21 灯具（以色列 Naked Id 工作室设计）

图片出处：http：//www.visionunion.com/admin/data/file/img/20061217/20061217004801.jpg

如图 2-22 所示，"外星人"金属笔创意设计，其创意来源于日本动漫奥特曼，主要针对市场是童心未泯的一类人，模仿现在很多同类产品以卡通造型示人的风格。

图 2-22 "外星人"金属笔创意设计

图片出处：http：//www.odesign.cn/upload/2011/3/3093858390.jpg

作为设计师，千万不能用极其复杂的原理设计极其复杂的造型，很多成功的设计告诉我们有必要对两者之一保持单纯性。这样一来，设计师就很难忽视那些极其简单的造型原理和工艺，从而在设计出丰富的造型时获得跨度极大的成就感，这种跨度对使用者也有着极强的吸引力。另外，通过复杂的逻辑推理出简洁的外形一直是设计师孜孜不倦的追求。日本设计师 Kouichi Okamoto（冈本孝一）的设计很好地实践了这种观点，2009 年诞生的构成椅（Composition Chair）便是用极其简单的原理和工具制作成功的，不过纯手工的制作花费了设计师 6 个月的时间，如图 2–23 所示。Composition Chair 采用的材料是直径为 3mm 的硬铝丝，通过弯曲套接而成，用到的工具只有夹具和钳子，体重 60kg，因为没有尝试，Composition Chair 的舒适度不得而知，不过好的设计师的探索总是永不止步的。2010 年，Kouichi Okamoto 又用紫铜方管重新诠释了 Composition Chair，如图 2–24 所示，由 481 根直径为 0.5mm 的方管构成，体重高达 120kg，和用硬铝丝制作的 Composition Chair 相比棱角更加锋利，不禁让人产生惧怕心理，不过紫铜的独特质感和设计师精心安排的视觉美感还是让人跃跃欲试。

图 2–23　构成椅（Composition Chair）（材料为硬铝丝）（日本设计师 Kouichi Okamoto 设计）

图片出处：http：//www.kyouei-ltd.co.jp/composition_chair.html

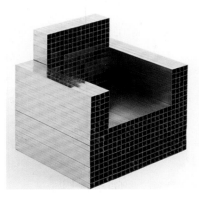

图 2–24　构成椅（Composition Chair）（材料为紫铜方管）（日本设计师 Kouichi Okamoto 设计）

图片出处：http：//www.kyouei-ltd.co.jp/construction_chair.html

在工业化生产中，人们根据最常用的构造原理和加工习惯将金属原料加工成各种型材，如常见的板材、线材、管材等，虽然这样可以方便地解决大部分工业生产的需要，但也约束了金属材料的各种存在形式，因此很少见到金属像棉花、泡沫等结构的存在状态，实际上这种存在状态是可能的。设计师所用到的材料一般都是通过再次加工型材而来，但设计师自己也可以决定金属的存在状态。荷兰设计师 Richard Hutten 在 2009 年设计的云椅（Cloudy Chair）使得我们对它的内部结构浮想联翩，如图 2–25 所示。

图 2–25　云椅（Cloudy Chair）（荷兰设计师 Richard Hutten 设计）

图片出处：http://www.designyourway.net/blog/inspiration/cool-examples-of-innovative-furniture-design/

由此可以看出，不管是造型方式还是加工工艺，对于设计来说并没有严格的界限，往往是通过不同材料工艺之间类比、模仿、嫁接的过程创造出更多的可能性。

思　考　题

1. 试述金属的分类。

2. 金属工艺主要包括哪几种？试用相关产品举例说明。

3. 金属表面处理方法有哪些？试举例说明。

第3章 木　材

3.1 木 材 简 史

　　根据考古资料，中国在河姆渡文化时期(公元前5000~公元前3300年)就出现农具、木胎的漆器（见图3-1）；另外，在遗址中还发现大量干栏式建筑的遗迹。

　　早期受到生活方式的约束，木材的使用仅限于建筑、农具和少量的漆器（见图3-2）。但是后来，随着人类社会的进步，木器的种类和数量逐渐增多。春秋战国时期多几案，到汉代以后，木俎、几案（用来祭祀的叫做俎，日常使用的叫做几案）发展为桌椅。另外，秦汉时期大量的树木被砍伐建造成豪华的宫殿，建筑是当时木材的主要消耗源。

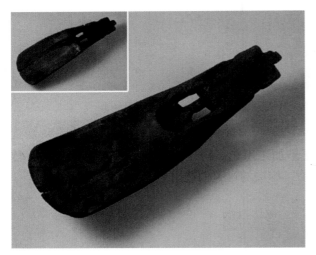

图3-1　耜（河姆渡文化时期，1996年鲻山遗址出土，浙江省文物考古研究所藏）

图片出处：http://www.hemudusite.com/products-1.asp？product_id=52

图3-2　鬃漆筒（河姆渡文化时期，1973年河姆渡遗址出土，浙江省博物馆藏）

图片出处：http://www.boosc.com/museum/museum_show.aspx？id=3526

　　隋唐时期是中华民族起居方式的重要转变期。丝绸之路和佛学东渐使得当时的起居方式从"席地而坐"向"垂足而坐"转变，一方面表现为各类家具的尺度在不断增高；另一方面是新的高型家具也在不断出现。这些变化都可以从当时的绘画、石画和出土文物中得到印证。中国传统家具在经过宋元时期的过渡到明代趋于成熟，明代家具的突出特点是使用了花梨、紫檀、楠木、鸡翅木等优质木材，这些硬木多产自南洋，由当时频繁的海外贸易往来供应。虽然明代家具历来为人称道而对清代家具多批判其华而不实，但是从木材工艺和家具发展的层面讲，两者各有特点，明代家具将榫卯结构发展到极致，而清代家具精雕细琢到极致。

西方家具的起源可以追溯到古埃及，尤其是古希腊和古罗马时期。当时的家具已经有坐具、桌具、床、储藏类等多种类别。在中世纪时期，西方家具的发展极其缓慢，直至后来的文艺复兴时期再到巴洛克时期，家具的制作逐渐繁荣。

木材工艺的特点主要集中在榫卯结构、髹漆工艺和木雕上，榫卯结构在中国传统建筑结构、明代家具中应用很广。据统计，明代家具的榫卯结构大概有近百种；在中国最早的漆艺专著《髹漆录》中记载了漆艺的繁荣景象；清代家具和作为工艺品的漆器以及西方巴洛克和洛可可时期的家具都极尽雕饰，这些木雕应是人类发展史上的巅峰。

弯木工艺的发明具有一定的革命性。在 19 世纪以前，弯木工艺有零星的发展，不过只局限于少量的手工艺人，因此并没有产生很大的影响。1830 年，德国设计师 Michael Thonet 开始试验用压力将木片、木条弯曲成一定形状，并用动物胶固定形状，用这个方法制作家具。他在 1836 年成功制造出第一把弯木椅子，叫做波帕德椅子（Boppard Layerwood Chair）。为了批量生产，1837 年间，Michael Thonet 设法在德国、英国、法国、俄国申请专利，但是都没有申请成功。因此，Michael Thonet 回过头来集中改进设计，用热蒸汽来弯木，材料上选择更加细、轻、结实的木条，做出了更加优雅、轻巧、美观的椅子。掌握了新技术之后，他继续设计，重新做出整套使用这种技术的家具系列，时髦、漂亮、典雅，又能够批量生产，完全摆脱了以前各种弯木椅子的笨拙、沉重感，是当时功能和美观结合得天衣无缝的典范（见图 3–3）。

图 3–3　桑纳 14 号椅（Thonet Chair No.14）
（德国设计师 Michael Thonet 设计）

图片出处：http：//gadgets.boingboing.net/2008/11/12/the-worlds-greatest-1.html

此后，芬兰设计师 Alvar Aalto（阿尔瓦·阿尔托）经过长达 5 年的木材弯曲试验，在 1931 年设计出了具有革命性的弯木板扶手椅（见图 3–4）。这件扶手椅采用桦木胶合板制成，天然漆器，既舒适又有雕塑感，直到现在仍畅销不衰。

　　1939 年，Alvar Aalto 又设计出扶手椅 406（Arm Chair 406），从椅子形制的变化可以看出，弯木的结构强度已经能够容许悬臂梁的存在了，这也标志着弯木胶合板工艺的逐步成熟，如图 3-5 所示。

图 3-4　弯木板扶手椅（Paimio Arm Chair）
（芬兰设计师 Alvar Aalto 设计）

图片出处：http：//www.designophy.com/designpedia/article.php？UIN=1000000015&sec=product

图 3-5　扶手椅 406（Arm Chair 406）
（芬兰设计师 Alvar Aalto 设计）

图片出处：http：//www.utopiaretromodern.com/public/products/3182009aalto406.jpg

3.2　木　材　的　属　性

　　木材的基本特性见表 3-1。

表 3-1　　　　　　　　　　　　　　　　　木材的基本特性

分类	项目	说明
三切面	横切面	垂直于树木生长方向的切面
	径切面	沿树木生长方向，通过髓心并与年轮垂直的切面
	弦切面	沿树木生长方向，不通过髓心但与年轮垂直的切面
物理特性	质轻	木材由疏松多孔的纤维素和木质素构成，质轻坚韧
	天然的色彩和花纹	木材的色彩因树种不同而不同，年轮产生的纹样会随着切面的变化而变化
	调湿特性	对空气中的湿气会有吸收和放出的平衡调节作用
	可塑性	蒸煮后可弯曲
	易加工和涂饰	易成型加工，对涂料的吸附能力极强
	易变形、易燃	干木易燃，木材强度小，会发生开裂、扭曲、翘曲等现象
	良好的绝缘性	对热、电都有良好的绝缘性
	各向异性	木材的物理、化学性能会随着产地、取材部位的不同而不同

如图 3-6 所示，利用了木材的调湿特性而设计成的原生态加湿器。如图 3-7 所示的柳条编织物，其材料疏松多孔、质轻，有弹性、韧性，具有亲和力。

图 3-6　"桅杆"原生态加湿器（日本设计师 Shin Okada 设计 ）

图片出处：http：//www.333cn.com/cms/CMSware/resource/img/h001/h23/img201107131553360.jpg
http：//www.333cn.com/cms/CMSware/resource/img/h001/h23/img201107131553361.png

图 3-7　柳条编织物

图片出处：(英) 克里斯·莱夫特瑞.木材.朱文秋译.上海：上海人民美术出版社，2004.

木材的分类见表 3-2。

表 3-2　　　　　　　　　　　　　　　木材的分类

品　种			举例及特点说明
天然木材	按材质分类	软木（柴木）	楠木、榉木、榆木等
		硬木	紫檀、黄花梨、鸡翅木等
	按树种分类	阔叶树	白杨、樟木、水曲柳等
		针叶树	红松、马尾松、杉木等
	按生长方式分类	外长树	有年轮
		内长树	无年轮

续表

品　种			举例及特点说明
人造木材	刨花板	以木质刨花或碎木屑加胶热压而成	幅面大、隔热隔音效果好、性能稳定，但质量较大、握钉力差
	胶合板	用多层刨制或旋切的单板涂胶后热压而成，胶合板各单板之间的纤维方向互相垂直	克服了木材的各向异性缺陷，不易开裂变形
	纤维板	以废料或植物纤维为原料，经过成型、热压等处理制成	材质构造均匀，隔音隔热效果好
	细木工板	两片单板中间黏压拼接木板而形成的板材	板面平整，结构稳定
	塑料贴面板	对人造板进行二次贴面	表面光洁、易清洗

　　图 3-8 所示的椅子先进之处在于它既可承压，自重又很轻，椅子材料中融入了几层非常薄的天然木质，且其纹理角度交替变换。该椅子只有 3.5kg，可以说是全木质的家具。

图 3-8　"NXT"套椅（丹麦设计师皮特·卡朋设计）

图片出处:（美）梅尔·拜厄斯.50 款椅子.劳红娟译.北京：中国轻工业出版社，2000.

　　图 3-9 所示为一把折叠椅，船舶胶合板及不锈钢器件和电缆的使用，显示了设计者曾是一位船舶建造者的经历。

图 3-9　"交叉"扶手椅（澳大利亚设计师彼德·科斯泰勒设计）

图片出处:（美）梅尔·拜厄斯.50 款椅子.劳红娟译.北京：中国轻工业出版社，2000.

图 3-10 所示的椅子运用了先进的制作工艺，不在于小巧的外形，而是体现于椅座和后背的构造及独特的"装饰性"。椅子填充物的外面罩有一层软木材料，效果就像装饰布一样。

图 3-10　背靠背椅凳（意大利设计师麦克·法瑞设计）

图片出处:（美）梅尔·拜厄斯.50 款椅子.劳红娟译.北京：中国轻工业出版社，2000.

3.3 木材加工工艺

3.3.1 选料

木材是一种天然材料，不能在短时间内迅速大规模生长成所需原料，因此，木材的选料显得尤为重要。古代的木匠在选材时讲究极多，在具体的操作过程中要尽量减少大材小用的现象，因此每次做工结束后只产生少量的废料。在规模化的工业生产中，木制产品的各个构件要根据不同的技术指标进行选料，在满足这些指标的同时尽量减少材料的浪费。

3.3.2 构件加工

木制产品的最大特点就是一件产品往往由多个木质构件组成，每个木质构件都有着不同的功能和装饰性，选料结束以后，要对毛料进行平面加工、开榫、打孔等，加工出所需要的形状、尺寸和结构。木材加工方法见表 3-3。一般情况下，在制作小构件时，对构件的表面粗糙度要进行适量的加工，等装配后再做统一处理（见图 3-11）。现代新技术的发展也对木材加工工艺产生了一定的影响，如图 3-12 所示，这款椅子的不连续部分采用激光切割成型，椅子的各部分从一块平板上切割下来，然后连接成型。

表 3–3　　　　　　　　　　　　　　　　木材加工方法

加工方法	工　具	加工范围
锯割	手工锯	加工截面、开锯、开板、下料等
	锯床	
刨削	刨子	加工平面、曲面，改善木材的表面粗糙度
	刨床	
凿削	凿子	加工榫孔和装饰槽等，为实现最后的装配
	榫孔机床	
铣削	铣床	加工凹凸平台、弧面、球面等，解决手工工具较难实现的加工结构
磨削	打磨机	加工各种表面，满足特定的表面粗糙度要求
弯曲	模具、钢带	在保证不破坏木材纹理和性能的条件下将木材进行弯曲处理，可以简化结构、降低成本

图 3–11　照明灯具设计（以色列设计师阿萨夫设计）

图片出处：http://www.bobd.cn/design/industry/works/others/201108/50325.html
http://www.bobd.cn/design/industry/works/others/201108/50325_2.html
http://www.bobd.cn/design/industry/works/others/201108/50325_3.html
http://www.bobd.cn/design/industry/works/others/201108/50325_4.html

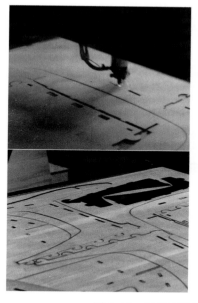

图 3–12　激光成型扶手椅（美国设计师大瑞 · 奎克设计）

图片出处:（美）梅尔 · 拜厄斯 . 50 款椅子 . 劳红娟译 . 北京: 中国轻工业出版社，2000.

3.3.3　装配

　　将若干部件和构件通过钉、榫卯、黏接等方式装配起来就生产出了具有使用功能的木制产品；但在使用前，必须修整加工，处理掉装配后的余料。木材装配方法及特点见表3–4。另外，在传统的榫卯接合装配中，还会用到一种叫做挤楔的辅助小构件。楔子是一种一头宽厚、另一头窄薄的三角形木片，将其打入榫卯之间，可使两者接合严密。榫卯接合时，榫的尺寸要小于眼，两者之间的缝隙则须由挤楔备严，以使之坚固，挤楔兼有调整部件相对位置的作用（见图3–13）。

表 3–4　　　　　　　　　　　　　　　木材装配方法及特点

装配方法	特　点	注意事项
榫卯接合	传力明确、结构简单，易于拆卸，方便回收	对木材材质要求较高，需精心设计
胶接合	制作简便、结构牢固、不伤木材	耐水性、耐热性差，不适合室外产品设计
螺钉和圆钉接合	可简化结构，经久耐用	对材质要求高，会发生劈裂
连接件接合	简化结构，方便回收，连接件可多次使用	需要设计特定的连接件

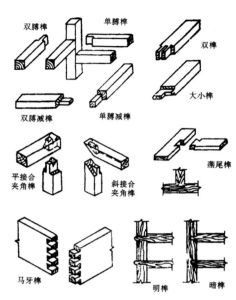

双膊榫　　单膊榫　　双榫　　大小榫　　双膊减榫　　单膊减榫　　平接合夹角榫　　斜接合夹角榫　　燕尾榫　　马牙榫　　明榫　　暗榫

图 3–13　榫卯接合的各种形式

图片出处：江湘芸.设计材料及加工工艺 [M].北京：北京理工大学出版社，2003.

如图 3–14 所示，这款椅子采用了翼形螺栓连接，可以自由的装卸而不用胶连接。它可以采用多种色彩的苯胺或油漆自然上色，或是进行抛光处理，以山毛榉木为材质，不加装坐垫。

图 3–14　"干燥"椅（意大利设计师马士莫 · 莫罗兹设计）

图片出处:（美）梅尔 · 拜厄斯 . 50 款椅子 . 劳红娟译 . 北京：中国轻工业出版社，2000.

如图 3-15 所示，这款椅子的主要特点在于它使用了一种新胶，从而不必再添加起固定作用的金属扣件。

图 3-15　"交叉"扶手椅（加拿大设计师福兰克·格瑞设计）

图片出处:（美）梅尔·拜厄斯.50款椅子.劳红娟译.北京：中国轻工业出版社，2000.

3.3.4 表面处理

木制产品制成以后，为了提高产品的表面质量、抗腐能力，增加产品的外观视觉美感，通常要进行表面处理。木材的表面处理主要有表面涂饰和表面覆贴两种方式。

3.3.4.1 表面涂饰

由于木材表面不可避免地存在各种天然的缺陷，一般要在涂饰前对木材表面做精细处理。由于木材具有吸湿性，并具有干缩湿胀的特点，容易造成涂层起泡、开裂和回粘等现象，因此新木材要干燥到含水率为 8%～12% 时，涂饰质量和效果最佳。干燥的具体方法有自然晾干和低温烘干两种。木制产品虽然在制作以后进行过刨光或磨光等处理，但是还会有残留的毛刺附着在木材表面，通过水胀法、火燎法和虫胶法可以很好地去除毛刺。另外，有些木材中含有杂物，例如大多数针叶树木材中含有松脂，因此为了防止杂物对表面涂饰质量的影响，要经过特殊处理去除杂物。

木制产品的表面涂饰可分为底层涂饰和面层涂饰。底层涂饰的目的是改善木制产品表面的平整度，提高透明涂饰及模拟木纹和色彩的显示程度，获得纹理优美、颜色均匀的木质表面。常用的底层涂饰方法有刮腻子、刷透明漆、渗水老粉等。面层涂饰是主要表现装饰作用的涂饰方式，主要分为透明涂饰和不透明涂饰两大类。如果木纹本身材质优美、表面平整，着重表现木材表面天然的美感时，一般采用涂饰清漆，这样不但不会掩盖木纹的自然美，还能提高表面的光泽度，从而改善木制产品的整体美感。

3.3.4.2 表面覆贴

表面覆贴是将面饰材料通过黏合剂粘贴在木制品表面而成一体的一种装饰方法。表面覆贴工艺中的后成型加工技术是近年来开发的板材边部处理的新技术。其工艺方法是：以木制人造板（刨花板、中密度纤维、厚胶合板等）为基材，将基材按设计要求加工成所需的形状，覆贴底面的平衡板，然后用一整张装饰贴面材料对板面和端面进行覆贴封边。后成型加工技术改变了传统的封边或包边方式和生产工艺，可制作圆弧形甚至复杂曲线形的板式家具，使板式家具的外观线条变得柔和、平滑和流畅，一改传统家具直角边的造型，增加外观装饰效果，从而满足了消费者的使用需求和审美需求。

常用的面饰材料有聚氯乙烯膜（PVC膜）、人造革、DAP装饰纸、AIKOY纤维膜、三聚氰胺板、木纹纸、薄木等。

如图3-16所示，这两款椅子在左右半边形态、色彩和材料上的变化，使人从心理上对椅子产生截然不同的冷暖、软硬和轻重感。

图3-16　表面处理不同的椅子

图片出处：周红生.工业设计材料与工艺.合肥：安徽美术出版社，2010.

3.4 木材应用的可能性

远古时代，木材被加工成简陋、稚拙的各种工具，这些最早的工具对人类的发展和进化居功甚伟。但直到漆器出现，这一早期最重要的木材表面处理工艺才使木材走上了带有明显审美意味的道路，随后出现的榫卯结构、木雕的繁荣发展几乎都在不同的维度穷尽了各自的可能性。古人在木结构、雕刻、漆器方面的成就是空前的，但科技的发展和社会的进步为设计师重新演绎木材不断提供了更多的可能。

漆器最早是作为日常生活用品，后来瓷器的繁荣和普及使得漆器的实用性甚微，而逐渐走上了和木雕相融合的装饰性工艺品之路。张成是元代雕漆大家，如图 3-17 所示的栀子纹剔红盘，是中国古代雕漆作品的代表作。黄漆底上髹朱红色大漆约百道，盘正面雕刻盛开的大栀子花一朵，枝叶茂盛，花蕾点缀其间，形象生动，精美异常。

图 3-17　栀子纹剔红盘（张成设计，元代）

图片出处：http://www.cnnjshizhuzhai.com/upload_files/other/_20081024111007_juu4juq5juq3juqzjunfjum2jundjurfjujbjuvdjum1jund.jpg

明代家具在榫卯结构方面取得了很大成就，图 3-18 所示的圈椅就是明代家具的典型代表。明代家具大多采用从南洋进口的硬木，因此在利用榫卯结构时能在线条和体量两个方面兼顾，造型优美、结构精巧，其中有很多技巧和知识值得现代设计师去重新认识和发扬。

图 3-18　明代圈椅

图片出处：http://www.the3dstudio.com/product_details.aspx?id_product=319970&id_affiliate=307346

　　虽然木材的应用历史很长，但是在人造木材出现之前，木材的种类不但没有增加，反而因为人类的乱砍滥伐和自然环境的变化逐渐减少。如果仅限于满足眼前的材料和材料的存在方式而不进行材料试验，设计师就很难有新的创造。自芬兰设计师 Alvar Aalto 发明弯木胶合板以来，木材在设计中的存在形式就大大改观，各种弯木胶合板的家具如雨后春笋般诞生，因此也产生了很多弯木家具的经典设计。弯木工艺的优点在于实现预想形态的前提下不破坏木材本身的强度和纹理。日本设计师 Sori Yanagi（柳宗理）在 1954 年设计的蝴蝶凳（Butterfly Stool）也是弯木胶合板家具中的经典作品，如图 3-19 所示，两片弯曲定型的纤维板通过一个轴心反向且对称地连接在一起，连接处在座位下用螺栓和铜棒固定。这种造型很像是一只蝴蝶正在扇动的一对翅膀，因而就取名蝴蝶凳。

图 3-19　蝴蝶凳（Butterfly Stool）（日本设计师 Sori Yanagi 设计）

图片出处：http://www.ideamagazine.net/it/scenari_design/michele_manzini_nuovi_orizzonti_del_progetto/01jv.htm

　　1963 年，丹麦设计师 Grete Jalk（格瑞特·杰克）设计出了 GJ 椅（GJ Chair），如图 3-20 所示。和芬兰设计师 Alvar Aalto 设计的弯木板扶手椅相比，该椅胶合板弯曲处的转角半径更小，因此实现的难度更大，不过柚木经过热弯曲处理经受住了这种考验。

图 3-20　GJ 椅（GJ Chair）（丹麦设计师 Grete Jalk 设计）

图片出处：http://www.danish-furniture.com/exhibitions/plywood/

　　目前，弯木技术的发展已经到了无所不能的地步。图 3–21 所示为亮相于米兰设计展中的沃森桌（Watson Table），不管其桌腿像设计师所言"来自于 DNA 双螺旋结构"还是中国人眼中的麻花，弯木的工艺已经表现到了极致。

图 3–21　沃森桌（Watson Table）（美国设计师 Paul Loebach 设计）

图片出处：http://www.decodir.com/2011/04/dna-inspired-contemporary-
table-design-watson-table-paul-loebach/

　　弯木工艺的成熟使得木材的形态自由度大大提升，原来只有金属能塑造的形态现在也可通过木材来实现，而且其强度也能满足使用需求。不过如果只把木材应用的可能性局限在弯木这一中工艺上显然是不够的，木料在加工的过程中会产生很多的边角料，这些边角料在刨花板产生之前很多都被浪费掉了。巴西设计师 Fernando Campana 和 Humberto Campana 在 2002 年利用废弃的木材和边角料设计出了法维拉椅（Favela Chair），如图 3–22 所示。Favela Chair 通过设计师精心搭建木条，很随意的材料，却表现出了诗意的造型。

图 3–22　法维拉椅（Favela Chair）（巴西设计师 Fernando Campana 和 Humberto Campana 设计）

图片出处：http://www.sfmoma.org/images/artwork/large/2005.236_01_d02.jpg

　　时尚往往被视为一种浪费的行为，但越来越多的设计师开始选择利用废弃物创造出惊人的艺术作品。英国时装设计师 Stefanie Nieuwenhuyse 便利用工厂切割胶合板时废弃的木屑，加以手工缝制，使这些废弃物再次展现出精致夺目的一面，如图 3-23 所示。

图 3-23　废弃木屑再次利用（英国时装设计师 Stefanie Nieuwenhuyse 设计）

图片出处：http://www.333cn.com/cms/CMSware/resource/img/h001/h34/img201111180949430.jpg
http://www.333cn.com/cms/CMSware/resource/img/h001/h34/img201111180949431.jpg
http://www.333cn.com/cms/CMSware/resource/img/h001/h34/img201111180949433.jpg

　　新的加工技术固然蕴藏着很多的可能性，但是穷尽传统加工方式的可能性也是设计师的使命。每一种特定的加工方式都有独特的肌理和质感，在传统思维中，美被定义为光滑、鲜艳、精细等形式法则而局限了加工方式，如果能辩证地看，粗糙、稚拙、笨重等也能成为一种别样的美。因此设计师可以尝试用一种单纯的加工方式去设计产品，虽然可能制作不出极为精细的作品，但是很大程度上会显现出独特性的视觉。

　　图 3-24 所示为瑞典设计组织 Front Design 设计的链锯椅（Chainsaw Chair），它的加工方法是把一块木的简单几何体用链锯反复切割，最终形成椅背、椅面和四条椅腿，形式憨厚稚拙，有一种野性的美感。

图 3-24　链锯椅（Chainsaw Chair）（瑞典设计组织 Front Design 设计）

图片出处：http://www.designfront.org/uploads/mudac.jpg

　　当然，木材的优越性不止塑造丰富多彩的形态，优良的表面处理效果也是木材的迷人之处，经过髹漆的木材可以实现几乎所有的颜色。崇尚自然的设计中裸露的木纹被认为是最美的，常见的处理方法是涂上清漆对木材保护和进一步美化。木材和油漆的搭配能使得各自的价值最大限度地发挥，其视觉美感相得益彰。

　　图 3-25 所示为美国设计师 Paul Loebach 设计的渐变色彩桌（Gradient Table），枫木材料涂上渐变的蓝漆，让我们感受到阳光和海滩。再看瑞典设计师 Marcus Abrahamsson 和 Kristoffer Fagerström 设计的 Pylon 长凳（Pylon Bench），木条被染成各种鲜艳纯粹的颜色，只需简单的组合就能达到丰富的视觉效果，如图 3-26 所示。

图 3-25　渐变色彩桌（Gradient Table）（美国设计师 Paul Loebach 设计）

图片出处：http：//www.yliving.com/areaware-gradient-table.html？
productid=areaware-gradient-table&channelid=BCOME

图 3-26　Pylon 长凳（Pylon Bench）（瑞典设计师
Marcus Abrahamsson 和 Kristoffer Fagerström 设计）

图片出处：http：//www.dezeen.com/2011/03/14/pylon-by-marcus-abrahamsson-and-
kristoffer-fagerstrom-for-nola/

思　考　题

1. 请搜寻身边有趣的木质产品 5 件，并加以说明。

2. 用木材制作一款日历，要求具有一定的创新性。

第4章 塑 料

4.1 塑 料 简 史

塑料是一种"年轻"的材料，它由英国伯明翰的发明家 Alexander Parkes 发明于 1855 年，并在 1862 年的英国国际博览会上亮相。1866 年，Alexander Parkes 建立了 Parkesine Company 打算大规模生产这种材料，可是后来因为削减成本措施处理不当而失败，最终于 1868 年停止运营。1872 年，德国化学家阿道夫 · 冯 · 拜尔发现：苯酚和甲醛反应后，玻璃管底部有些顽固的残留物，不过当时他的主要注意力集中在合成染料上，而不是绝缘材料。列奥 · 亨德里克 · 贝克兰从 1904 年开始研究这种反应，最初得到的是一种液体——苯酚—甲醛虫胶，称为 Novolak。3 年后，他得到一种糊状的黏性物，模压后成为半透明的硬塑料，这就是后来广为人知的酚醛塑料。

酚醛塑料绝缘、性能稳定、耐热、耐腐蚀、不可燃，列奥 · 亨德里克 · 贝克兰称为"万能材料"。特别是在迅速发展的汽车、无线电和电力工业中，它被制作成插头、插座、收音机和电话外壳、螺旋桨、阀门、齿轮、管道等。在家庭中，它出现在把手、按钮、刀柄、桌面、烟斗、保温瓶、电热水瓶、钢笔和人造珠宝上。从煤焦油那样的廉价产物中得到用途如此广泛的材料，这是 20 世纪为人称道的炼金术。1924 年的《时代》周刊里称：那些熟悉酚醛塑料潜力的人表示，数年后酚醛塑料将出现在现代文明的每一种机械设备里。1940 年 5 月 20 日，《时代》周刊将列奥 · 亨德里克 · 贝克兰称为"塑料之父"。

塑料的发展十分迅速，第二次世界大战后在世界各国开始普及。塑料原料广泛，性能优良，成型加工极为方便，特别是丰富多彩的颜色具有很强的装饰性和现代感。在现代设计史中，20 世纪 60 年代被称为"塑料的时代"。具有标志性的潘顿椅（见本书第 1 章）诞生以后，大量注塑成型的塑料椅子被生产出来，1950 年诞生的伊姆斯椅（DSW Chair）的椅面就采用了注塑成型的塑料，椅腿分别由木材和金属构件连接，近乎完美的曲线塑造出优雅的外表，这件作品也成为美国家具大师 Charles & Ray Eames 夫妇的代表作品，如图 4–1 所示。

Dieter Rams 在 20 世纪 50 年代后期为德国 Braun 公司设计的一系列电器中，按钮、机壳、零件等都采用了性质各异的塑料，如图 4–2 所示。

图 4–1　伊姆斯椅（DSW Chair）
（美国家具大师 Charles & Ray Eames 设计）

图片出处：http ://i00.i.aliimg.com/img/
pb/268/177/275/275177268_665.jpg

图 4–2　德国设计师 Dieter Rams 和他设计的作品

图片出处：http://static3.slamxhype.com/wp-
content/uploads/2010/03/dieter-rams-less-and-
more-exhibition-design-museum-1.jpg

　　从设计史的角度看，塑料的产生可以说为"波普风格"的出现奠定了基础，航天造型和儿童玩具式的设计很大程度上依赖塑料这种材料。如果说有哪种材料具有明显的趣味性，那就是塑料。塑料能给人带来丰富的联想，设计师可以用塑料模仿大多数受欢迎的材料的表面特性，这种灵活性很好地满足了当时的市场需求。

　　图 4–3 所示为苹果公司出品的 Imac 计算机，在外形上，Imac 计算机采用了半透明的塑料外壳，造型雅致而又略带童趣，采用了诱人的糖果色，完全打破了先前个人电脑严谨的造型和乳白色调的传统，高技术、高情趣在这里得到了完美的体现。

图 4–3　Imac 计算机（苹果公司出品）

图片出处：何人可，黄亚南.产品百年.长沙：湖南美术出版社，2005.

图 4-4 所示为意大利设计师 Joe Colombo 1967 年设计、1968 年由 Kartell 公司生产的通用座椅（Universal Chair），通体塑料，造型可爱，颜色多样。

图 4-4 通用座椅（Universal Chair）（意大利设计师 Joe Colombo 设计）

图片出处：http://amateurdedesign.com/wordpress/wp-content/uploads/2008/11/universal.png

图 4-5 所示为英国设计师 Ron Arad 在 2007 年设计的幸运草扶手椅（Clover Chair），就活脱一个四叶草形状，不但坐在上面很舒适，而且那种四叶草所带来的浪漫，还总是挥之不去。

图 4-5 幸运草扶手椅（Clover Chair）（英国设计师 Ron Arad 设计）

图片出处：http：//www.topchair.cn/blog/upload/driade-clover-white-5.jpg

塑料适合于制造复杂的形态，意大利设计师 Guido Drocco 和 Franco Mello 设计的仙人掌（Cactus）衣架通过对聚氨酯材料的延展加工，由 Gufram 公司生产，自 20 世纪 70 年代问世以来，这个"仙人掌"立式挂衣架已经成为意大利设计的经典代表，如图 4-6 所示。

图 4-6　仙人掌（Cactus）衣架（意大利设计师
Guido Drocco 和 Franco Mello 设计）

图片出处：http：//www.weareprivate.net/blog/wp-
content/uploads/p284499_488_336-2.jpg

4.2 塑 料 的 属 性

塑料为合成的高分子聚合物或者高分子化合物，也是一般所俗称的塑料或树脂，可以自由改变形体样式。它是利用单体原料以合成或缩合反应聚合而成的材料，由合成树脂及填料、增塑剂、稳定剂、润滑剂、色料等添加剂组成。

4.2.1　塑料的基本特性

塑料的分类及特点见表 4-1。

表 4-1　　　　　　　　　　　　塑料的分类及特点

分类标准	类　别		举　例
按热性能分类	热塑性塑料	受热软化，可多次成型	聚乙烯、聚丙烯
	热固性塑料	固化后不再具有可塑性	酚醛塑料、环氧塑料
按用途分类	通用塑料	常见塑料，用途广，价格低	聚氯乙烯、聚苯乙烯
	工程塑料	机械强度较好	ABS 塑料
	特种塑料	满足特殊的使用要求	医用塑料、导电塑料

塑料的种类繁多，每种塑料都有其鲜明的特性和使用场合。

图 4-7 所示为 Michael Bihain 设计的知识之轮——滚动（Patatras）书架。该书架由聚丙烯材料制成，直径为 122cm，创造了新的书架模式，告别了以往固定不动的模式，而是像车轮一样可以滚动，里面有 15 个放书的空格，把它称为知识之轮再恰当不过了。它还有各种颜色可供选择。

图 4-7　知识之轮——滚动（Patatras）书架（比利时设计师 Michael Bihain 设计）

图片出处：http：//blog.lepu.com/wp-content/uploads/2011/04/clip_image003_thumb28.jpg

图 4-8 所示为 Verner Panton 设计的潘顿椅，是人类史上首件一体成形的塑料家具，早在 1959 年就已设计完稿，但为了克服悬臂设计的支撑问题，一直停留在构思阶段。直到 1968 年，设计师 Verner Panton 找到了强化聚酯这种材质，才得以量产。这个线条优美的椅子证明了聚合材料能创造各式各样流线型，且具未来性的作品。潘顿椅发明后历经几次改良，1990 年 Vitra 采用新研发的聚酯材质，加强了其表面抗刮损能力，1999 年改以聚丙烯（polypropylene）重新生产，使其不怕日晒龟裂，且可回收再利用。潘顿椅造型优美，色彩艳丽，技术完善，第一件作品如今为 Vitra 设计博物馆所收藏。

图 4-8　潘顿椅（丹麦设计师 Verner Panton 设计）

图片出处：http：//image.cn.made-in-china.com/2f0j01VerEMiCsnIko/%E6%BD%98%E4%B8%9C%E6%A4%85.jpg

图 4-9 所示为德国设计师 Konstantin Grcic 为 Plank 品牌设计的椅子，材料是采用 BASF 出品的高级工程塑料。

图 4-9　塑料悬臂（Myto）椅（德国设计师 Konstantin Grcic 为 Plank 品牌设计）

图片出处：http：//www.szzs.com.cn/htmledit/uploadfile/20090227095916188.jpg

图 4-10 所示为意大利设计师 Anna Castelli Ferrieri（安娜·卡斯特利·费列利）为卡特尔公司设计的卡特尔储物柜（Kartell Componibili），是用 ABS 塑料做的，有黑色、红色、白色和银色四个色彩可以选择，绝对是个很"潮"的家居品。这是意大利设计的经典作品。

图 4-10　卡特尔储物柜（Kartell Componibili）
（意大利设计师 Anna Castelli Ferrieri 设计）

图片出处：http：//design-milk.com/images/2009/07/componibili-giveaway.jpg

图 4-11 所示为丹麦设计师 Erik Magnussen（艾里克·玛格努森）设计的斯特顿（Stelton Thermos）保温瓶，外面是彩色的 ABS 塑料瓶身。保温瓶的出水口好像一个黑色的鸟嘴，高高翘起，瓶子的上端还设计了一个黑色的小圆点装饰，看起来就像"鸟"的眼睛，保温瓶的把手就是一个精巧的半圆形环，好像"鸟"的尾巴，有趣极了。这个保温瓶的封口技术很特别，用力按一下就打开了，无需旋转，非常方便，而只要把盖子合上，就封闭得很紧，滴水不漏；技术上的独创性、造型上的特殊性都极为到位，怪不得出来就风靡世界了。

　　图 4-12 所示为德国女设计师 Dorothee Becker（罗斯·贝克）设计的 UTEN.SILO 杂物架，该杂物架在 1969 年的法兰克福博览会（the Frankfurt Fair）上推出，采用 ABS 聚氯乙烯塑料作材料，成为当时塑料产品设计的经典。

图 4-11　斯特顿（Stelton Thermos）
保温瓶（丹麦设计师 Erik Magnussen 设计）

图片出处：http : //jmaichang.brinkster.net/
food/2010/02/stelton_thermos_s.jpg

图 4-12　UTEN.SILO 杂物架
（德国女设计师 Dorothee Becker 设计）

图片出处：http : //www.nova68.com/Merchant2/
graphics/00000001/utensilosmallwhi2.jpg

图 4-13　"Pago-Pago"花瓶
（意大利设计师和理论家恩佐·马里设计）

图片出处：何人可，黄亚南.
产品百年. 长沙：湖南美术出版社，2005.

　　图 4-13 所示为意大利设计师和理论家恩佐·马里设计的"Pago-Pago"花瓶，由工程塑料制成，它既具实用性又具艺术性的形式，证明使用塑料这种新的、价格低廉的材料同样可以创造高品质的产品。

4.2.2 塑料的优点

（1）塑料质轻，比强度高。塑料的密度一般为 0.9～2.3g/cm³，聚乙烯、聚丙烯的密度最小，约为 0.9g/cm³，最重的聚四氟乙烯密度也不超过 2.3g/cm³，但比强度超过了金属材料。比强度是材料的抗拉强度与材料密度之比，优质的结构材料应具有较高的比强度，才能尽量以较小的截面满足强度要求，同时可以大幅度减小结构体本身的自重。由表 4–2 可知，塑料的比强度可以超过金属材料，这就意味着在进行产品设计的时候，需要同样的强度但又不能承担更多的重量时，塑料是一种很好的替代材料。

表 4–2 　　　　　　　　　几种金属与塑料的比强度

金属	比强度（10³cm）	塑料	比强度（10³cm）
钛	2095	玻璃纤维增强环氧树脂	4627
高级合金钢	2018	石棉酚醛塑料	2032
高级铝合金	1581	尼龙 66	640
低碳钢	527	增强尼龙	1340
铜	502	有机玻璃	415
铝	232	聚苯乙烯	394
铸铁	134	低密度聚乙烯	155

图 4–14 所示为斯科特·威尔森设计的沃克斯 99 迷你订书机，一般来说，塑料订书机的表现没有金属订书机好。经过周全的分析和谨慎的操作后，设计小组创造了一种 ABS 塑料订书机，经测试，它在高频率使用下的失败率不足 1%，这使它成为斯威莱订书机最好的产品之一。它是让人惊喜的"便宜"的塑料订书机，同时也证明斯威莱品牌产品结实、可靠、持久的特性。订书机上的肋型结构不仅仅是设计外观上的一个亮点，而且可以给顶部提供所需的强度，从而使订书机达到超水平的表现。这个产品的组装和拆装都不需任何工具，而且可以容易分离和回收利用。

（2）多数塑料制品有透明性，并富有光泽，颜色

图 4–14　沃克斯 99 迷你订书机
（斯科特·威尔森设计）

图片出处:（英）克里斯·莱夫特瑞 . 塑料 . 上海：上海人民美术出版社，2004.

多样。大多数塑料可制成透明或半透明产品，可以任意着色，且着色坚固，不易变色。几种塑料和玻璃的透光率见表 4–3。

表 4–3 几种塑料和玻璃的透光率

材料（板厚 3mm）	透光率（%）	材料（板厚 3mm）	透光率（%）
聚甲基丙烯酸甲酯	93	聚酯树脂	65
聚苯乙烯树脂	90	脲醛树脂	65
硬质聚氯乙烯	80~88	玻璃	91

图 4–15 所示为意大利设计师 Stefano Giovannoni 在 1995 年设计的玛丽饼干盒（Mary Biscuit），该饼干盒被设计成半透明的塑料材质，并可任意着色，十分具有想象力和幽默感，Stefano Giovannoni 设计的这些称为"情感代码"的作品在意大利和其他许多国家被广泛展出。

图 4–15 玛丽饼干盒（Mary Biscuit）（意大利设计师 Stefano Giovannoni 设计）

图片出处：http://weirdomatic.com/wp-content/pictures/alessi1/mary_biscuit_box.jpg

（3）绝缘性和绝热性。大多数塑料在低频低压下具有良好的电绝缘性能，有的即使在高频高压下也可以作电气绝缘材料或电容介质材料。塑料的热导率极小，只有金属的 1/600~1/200，目前市场上有大量的餐具设计都是塑料制品（见图 4–16），因为塑料和陶瓷相比，兼具热导率低和不易摔碎的优点。另外，泡沫塑料的热导率与静态空气相当。泡沫塑料还被作为绝热保温材料或建筑节能、冷藏等绝热装置材料。

图 4-16　塑料餐具

图片出处：http：//a4.att.hudong.com/74/19/14300000883512128806194667087_950.jpg

（4）耐磨、自润滑性能好。大多数塑料有优良的减磨、耐磨和自润滑特性，可以在无润滑条件下有效工作。

（5）耐化学药品性。多数塑料对一般浓度的酸、碱、盐等化学药品有良好的耐腐蚀性能，其中最突出的是聚四氟乙烯，连王水也不能腐蚀它，是一种绝佳的防腐蚀材料。

4.2.3　塑料的缺点

（1）塑料不耐高温，低温容易发脆。多数塑料虽不易燃烧，但会在 300℃左右发生变形，燃烧时放出有毒气体。由于塑料的耐热性较差，使其用途受到很大限制。

（2）塑料制品易变形。温度变化时塑料产品尺寸稳定性差，成型收缩较大，即使在常温负荷下也容易变形。

（3）塑料有"老化"现象。塑料在长时间使用或储藏过程中，质量会逐渐下降。这是由于受周围环境如氧气、光、热、辐射、湿气、雨雪、工业腐蚀气体、溶剂和微生物等的作用，塑料的色泽改变，化学构造受到破坏，机械性能下降，变得硬脆或软黏而无法使用，这是塑料产品的一个重大缺点。

4.3　塑料加工工艺

塑料的成型加工工艺非常多，下面重点介绍较为常用的工艺。

4.3.1　注射成型

注射成型又称注塑成型，是热塑性塑料的主要成型方法之一，其原理是利用注射机中螺杆或柱塞的运动，将料筒内已加热塑化的黏流态塑料用较高的压力和速度注入预先合模的模腔内，冷却硬化后成为所需的产品。整个成型工艺是一个循环的过程，每个成型周期包括：定量加料—熔融塑化—施压注射—充模冷却—启模取件等。

注射成型方法有以下优点：能一次成型出外形复杂、尺寸精确和带嵌件的产品（见图4-17）；可以很方便地利用一套模具，通过批量生产得到尺寸、形状、性能完全相同的产品；生产性能好，成型周期短，一般制件只需30～60s可成型，而且可实现自动化或半自动化作业，具有较高的生产效率和技术经济指标。

图 4-17   一次性注射成型的塑料椅

图片出处：江湘芸.设计材料与加工工艺.北京：北京理工大学出版社，2003.

4.3.2 挤出成型

挤出成型又称挤塑成型，主要适合热塑性塑料成型，也适合一部分流动性较好的热固性塑料和增强塑料的成型。其原理是利用机筒内螺杆的旋转运动，使熔融塑料在压力作用下连续通过挤出模的型孔或口模，待冷却定型硬化后得到各种断面形状的产品。

挤出成型是塑料加工工业中应用最早、用途最广、适用性最强的成型方法。与其他成型方法相比，挤出成型有着突出的优点：设备成本低，占地面积小，生产环境清洁，劳动条件好；生产效率高；操作简单，工艺过程容易控制，便于实现连续自动化生产；产品质量均匀、致密；可以一机多用，进行综合性生产。

挤出成型加工的塑料制品，主要适用于生产连续的型材，如薄膜、管、板、片、棒、单丝、扁带、网、复合材料、中空容器、电线被覆及异型材料等，如图4-18所示。

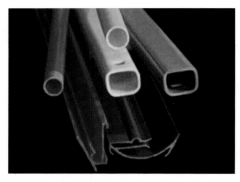

图 4-18   挤出成型加工的型材

图片出处：http：//www.milmour.com/milmour/images/extrusion_image.jpg

4.3.3 压制成型

压制成型主要用于热固性塑料产品的生产，有模压法和层压法两种。压制成型的优点是：产品尺寸范围宽，可压制较大的产品；设备简单，工艺条件容易控制；产品无浇口痕迹，容易修整，表面平整、光洁；产品收缩率小、变形小，各项性能较均匀。压制成型的缺点是：不能成型加工结构和外形过于复杂、加强筋密集、金属嵌件多、壁厚相差较大的塑料产品；对模具材料要求高；成型周期长，生产效率低，较难实现自动化生产，如图4–19所示。

4.3.4 吹塑成型

用挤出、注射等方法制出管状型坯，然后将压缩空气通入处于热塑状态的型坯内腔中，使其膨胀成为所需形状的塑料制品。

图 4–19　压制成型的饭盒

图片出处：http : //www.tama.co.il/ TamaHome/img/Tamahome_main.jpg

（1）薄膜吹塑。薄膜吹塑成型是将熔融塑料从挤出机机头口模的环行间隙中呈圆筒形薄管挤出，同时从机头中心孔向薄管内腔注入压缩空气，将薄管吹胀成直径更大的管状薄膜（俗称泡管），冷却后卷曲。薄膜吹塑成型主要用于生产塑料薄膜。

（2）中空吹塑。中空吹塑成型是生产中空塑料制品的方法，通常有以下几种工艺。

1）挤出吹塑。指用挤出机挤出管状型坯，趁热将其夹在模具模腔内并封底，向管坯内腔通入压缩空气吹胀成型。挤出吹塑的特点是制品形状适应性广，特别适于制造大型制件，但制件底部强度不高，有边角料，如图4–20所示。

图 4–20　挤出吹塑生产的瓶子

图片出处：http : //www.americhem.com/files/media-kit/Packaging/SpecialFXBottles.jpg

2）注射吹塑。可分为冷型坯吹塑和热型坯吹塑。前者是将注射制成的试管状有底型坯，冷却后移入吹塑模腔内，再将型坯加热并注入压缩空气吹胀成型；后者则是将注射制成的试管状有底型坯，立即趁热移入吹塑模腔内进行吹胀成型。注射吹塑的特点是制件外观好、质量稳定、尺寸精确、无边角料。

3）拉伸吹塑。将挤出或注射制成的型坯加热到适当的温度，进行纵向拉伸，同时或稍后用压缩空气吹胀进行横向拉伸，拉伸后制品的透明度、强度、抗渗透性明显提高。根据制坯方式不同，拉伸吹塑可分为注射拉伸吹塑工艺和挤出拉伸吹塑工艺。前者主要用于生产盛饮料用的瓶子，后者多用于生产聚丙烯、聚氯乙烯中空产品，如图 4-21 所示。

图 4-21　拉伸吹塑生产的瓶子

图片出处：http：//www.hmcpolymers.com/newsletter/admin/temp/newsletters/71/clyrell%20rc1314.jpg

4.3.5 快速成型

快速成型技术（Rapid Prototyping Technology）是 20 世纪 80 年代后期兴起的一项高新技术，该技术采用分层制造的原理，借助计算机辅助设计获得目标原型的概念，并以此建立数字化描述模型，然后将这些信息输出到计算机控制的自动成型系统，通过逐点、逐面进行材料的三维堆砌成型，再经过必要的处理得到符合设计要求的制品，如图 4-22 所示。目前，快速成型技术发展十分迅速，其工艺方法已达十多种。

图 4-22　3D 打印机（Denford 公司产品）

图片出处：http：//www.denford.ltd.uk/images/stories/machines/dimension-group.jpg

4.4 塑料应用的可能性

尽管塑料产生的时间并不长，但是其对产品设计的影响却很深远，因为塑料具有多样的功能，而且成本低廉。塑料最主要的特点就是能够利用简单的工序制造出几何形状复杂的产品，且具有一定的美观性。

图4-23所示为荷兰设计师Flex Development B.V.Dutch设计的"线龟"缠线器。该产品的设计是"独特而简单的革新"，在日内瓦国际发明展览会上获得金奖。该产品由两个相同的部分组成，通过中心轴铆在一起，采用热塑性橡胶塑料注射成型。这个产品具有各种鲜艳的颜色，可以将分散在工作台面及电气设备后面垂下来的电线收拾整齐，使用时将两个小碗向外掰开，将电线缠绕在中心轴上，直到每端留下所需长度，然后将小碗向里翻折，包住缠绕的电线，每个小碗的边缘上都有一个唇口，可以让电线伸出来。

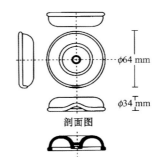

图4-23 "线龟"缠线器（荷兰设计师Flex Development B.V.Dutch设计）

图片出处：江湘芸.设计材料与加工工艺.北京：北京理工大学出版社，2003.

如图4-24所示，英国设计师朱利安·布朗设计的阿提拉压罐器不仅是一个工程产品，而且还是一件漂亮的作品。为了避免使用造价过高的聚碳酸酯和乙缩醛，该产品用它自身形态和结构达到了"力大无比"的功能。为了能用600N的力将铝罐或钢罐压到22mm的高度，在一系列巧妙的结构和支撑材部件中使用了ABS塑料材料。

图4-24 阿提拉压罐器（英国设计师朱利安·布朗设计）

图片出处：（英）克里斯·莱夫特瑞.塑料.上海：上海人民美术出版社，2004.

　　图 4-25 所示为意大利著名的工业设计师佩泽塔设计的造型大胆、富雕塑美感的"OZ"冰箱。它光滑流畅的外形突破了传统冰箱方方正正的造型，冰箱内部的设计同样富于表现力。"OZ"冰箱获得 1997 年布尔诺的"设计声望"（Design Prestige）奖以及 1999 年荷兰的"Czech Republic and Goed Industrial Onterp"奖。

图 4-25　"OZ"冰箱（意大利设计师佩泽塔设计）

图片出处：何人可，黄亚南．产品百年．长沙：湖南美术出版社，2005.

　　在现代设计中，为了达到产品外形的某种视觉或功能效果，对材料的选择余地大增，透明的不一定使用玻璃，坚硬的也不一定使用金属，塑料由于特性上的多样性、工艺上的方便性使其在很多情况下能代替玻璃和金属。

　　塑料产品在汽车制造中的应用是从 20 世纪前期开始的。现在多数汽车材料中已经包括 30 种不同种类的塑料，一般来说可以占汽车构件的 30% 左右。巴加（Baja）（见图 4-26）是一种适于在任何地形行驶的轻巧型汽车，它是正在生产中的两种全塑料汽车中的一种。巴加对汽车工业材料的传统概念提出挑战，并展示出塑料制品相对于传统合金材料而言的主要优势。

图 4-26　巴加（Baja）（美国迈克尔·凡·斯丁博格 汽车设计与组装公司）

图片出处：（英）克里斯·莱夫特瑞．塑料．上海：上海人民美术出版社，2004.

如图 4-27 所示，是取名为布兰奇小姐的椅子，是法国设计师希诺·库鲁马塔在 1988 年受卡古东京设计周展览邀请而设计的，灵感来源于电影《欲望号街车》中布兰奇·迪布瓦的服装。这款椅子大部分是手工制作的，从而可以对树脂的设计和美学质量进行很好的控制，模具成本也相对较低。向一个装满液体丙烯酸树脂的模子中扔进仿制的玫瑰花，从而完成了椅子主体部分的制作，这个制作过程可以在室温下进行。在铸造这种形状精巧的作品时，设计师碰到的主要技术问题是：用小钳子固定位置的花瓣折层处必须拍吸干净。椅子由 3 个元素组成——座位、靠背和扶手。当一切问题都解决之后，这 3 个部分就可以粘贴在一起，这样就可以达到整体的透明性。

图 4-28 所示为 Supremecord 塑料软塞，从法国波尔多葡萄园地区到美国纳巴葡萄园山区，从意大利到澳大利亚的葡萄酒酿造厂，很多厂家开始不看好天然的软木瓶塞，而赞同用塑料的葡萄酒塞子。

图 4-27　布兰奇小姐的椅子（法国设计师希
诺·库鲁马塔设计）

图片出处：(英)克里斯·莱夫特瑞.
塑料.上海：上海人民美术出版社，2004.

图 4-28　Supremecord 塑料软塞

图片出处：(英)克里斯·莱夫特瑞.
塑料.上海：上海人民美术出版社，2004.

塑料相比其他材料，能利用材料的色彩效果、肌理效果以及表面加工的随意性，可大大提高产品外观造型的整体感和艺术质量。

图 4-29 所示为荷兰设计师 Johan Bakermans（约翰·巴克曼思）设计的花瓶。该产品由两部分组成，瓶身和底座采用同一种热塑性材料，采用注射成型法成型。该产品的特性在于：花瓶口柔软，可翻卷成各种形状；以往的花瓶瓶身不能变化，只能通过调整花束来适应花瓶，而该花瓶可通过调整瓶身形状来适应花束，适应了各种花束的需求；瓶身和底座两个部件都可叠放，便于包装和运输。

图 4–30 所示为意大利设计师 Gaetano Pesce 设计的靓丽的塑料凉鞋，鞋面由互相连接的大小各异的塑料圆片组成，十分独特的是，消费者可以根据自己的喜好将鞋子边缘的圆片进行一定的剪裁，从而产生不同的造型。

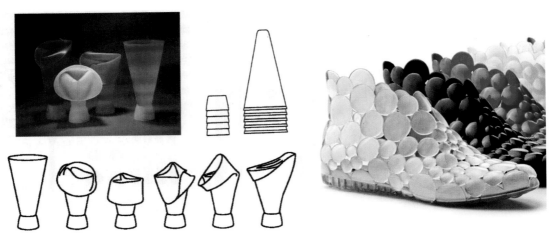

图 4–29 "令人惊异"花瓶
（荷兰设计师 Johan Bakermans 设计）

图片出处：江湘芸. 设计材料与加工工艺.
北京：北京理工大学出版社，2003.

图 4–30　靓丽的塑料凉鞋
（意大利设计师 Gaetano Pesce 设计）

图片出处：http://www.patent-cn.com/wp-content/uploads/2010/06/20100617122.jpg

图 4–31 所示为意大利设计师 Riccardo Raco（里卡多·拉克）设计的翼形台灯，采用一种称为"Opalflex"的有专利塑料材料制作。Opalflex 是一种玻璃质塑料板材，具有乳白玻璃的一些外观特点，且具有不变黄和特殊可弯曲性及延展性，易成型，同时具有良好的光漫射特殊性。该款台灯用一片 Opalflex 材料经切割后绕 2.5 圈成为展开的翼形灯罩，用 3 只铜螺钉将灯罩锁定在插线盒的基座上。

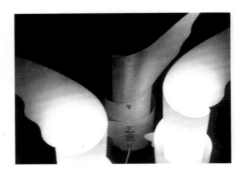

图 4–31　翼形台灯（意大利设计师 Riccardo Raco 设计）

图片出处：江湘芸. 设计材料与加工工艺. 北京：北京理工大学出版社，2003.

图 4–32 所示为巴西设计师 Luciana Martins 和
Gerson de Kliverira 设计的"灯站"灯具，该灯具
由多个照明块体串接组合而成，每个照明块体采
用经切割弯成 U 形的乙烯塑料板（厚 4mm），在
U 形塑料板的一侧打孔，使电线能够穿过，同时
起到通风冷却的作用，灯泡底座用螺钉固定在塑
料板的一侧，两个 U 形部件以阴阳槽方式进行插
接，可随时开启。

塑料一个最大的优点就是可以进行回收再利
用，回收来的塑料可以进行再加工，可以是一件
工艺品，供大家欣赏；也可以是对人们生活起便
利作用的物品，供大家使用。总之，再利用可以
把废弃的塑料变废为宝，对节约资源、环境保护
起到非常重要的作用。

如图 4–33 所示为以色列设计师 Shahar Kagan
和 Itai Arbel 用废弃塑料设计的环保吊灯。设计师
先制作了一个特殊的模具，然后让融化的塑料在
模具中产生各自的形态，因此他们设计的塑料灯
具每个形态和颜色都不相同。

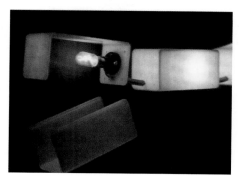

图 4–32 "灯站"灯具（巴西设计师
Luciana Martins 和 Gerson de Kliverira 设计）

图片出处：江湘芸. 设计材料与加工工艺.
北京：北京理工大学出版社，2003.

图 4–33 废弃塑料制作的环保吊灯（以色列设计师 Shahar Kagan 和 Itai Arbel 设计）

图片出处：http://www.visionunion.com/admin/data/file/img/20111121/20111121001201.jpg

图 4–34 ～ 图 4–38 所示为江南大学设计学院张宇红老师指导的"材料与工艺课程学生
作品展"中所展出的作品，是用废弃塑料进行再设计得到的。

EVA材料 莲花灯

　　EVA树脂是乙烯—醋酸乙烯共聚物，由于在分子链中引入了醋酸乙烯单体，从而降低了高结晶度，提高了柔韧性、抗冲击性、填料相容性和热密封性能，被广泛应用于发泡鞋料、功能性棚膜、包装膜、热熔胶、电线电缆及玩具等领域。EVA橡塑制品是新型环保塑料发泡材料，具有良好的缓冲、隔热、防潮、抗化学腐蚀等特点，且无毒，不吸水。EVA材料主要运用于导管、煤气管、土建板材、容器和日用品中。运用EVA材料与LED灯结合莲花的造型特点做出了这款产品。

图4-34　莲花灯（秦昊、宋其泽、潘柯、刘歆、范银萍、赵益、周亦虬、武洁设计）

图片出处：江南大学设计学院.材料与工艺课程学生作品展——张宇红指导，2011.

图4-35　塑料工艺品（杨宇晓、杨兆楠、范心悦、高欣、张芊慧设计）

图片出处：江南大学设计学院．材料与工艺课程学生作品展——张宇红指导，2011．

图 4-36　朝 9 晚 5（徐谦、董芳、张一清、刘莉设计）

图片出处：江南大学设计学院. 材料与工艺课程学生作品展——张宇红指导，2011.

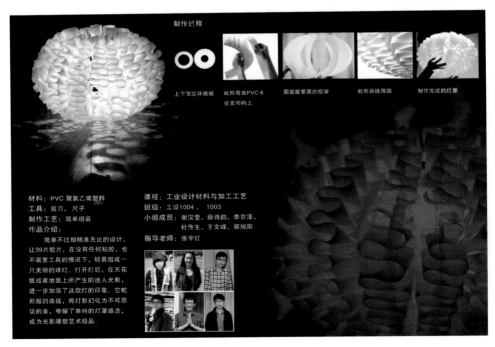

图 4-37　灯（王文峰、杜传生、郭旭阳、李京泽、谢汉莹、薛诗韵设计）

图片出处：江南大学设计学院. 材料与工艺课程学生作品展——张宇红指导，2011.

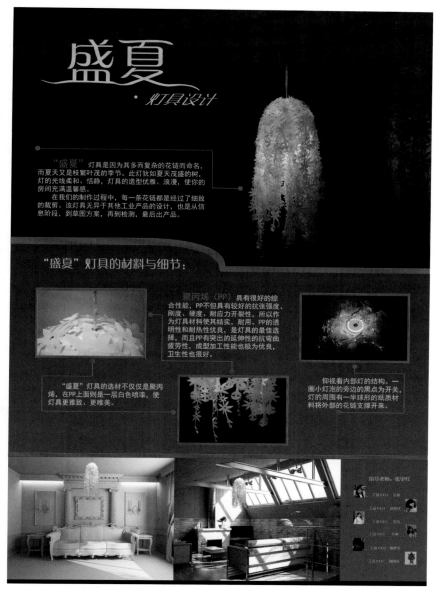

图4-38 盛夏（魏梦莹、吴凡、吴越、许沁、赵晓佳、谢国庆设计）

图片出处：江南大学设计学院.材料与工艺课程学生作品展——张宇红指导，2011.

思 考 题

1.试述热塑性塑料和热固性塑料的区别。

2.请说明塑料在产品设计中的作用。

3.用你身边的塑料做一款装饰物品,要求体现其质感美、适用、经济、与人和环境和谐统一。

第5章 陶 瓷

5.1 陶瓷的缘起和发展

制陶用的黏土用水湿润,塑造出想要的形象,干燥后加热到一定的温度,黏土就会烧结成坚固的陶器,这是人类最早通过化学变化将一种物质变成另一种物质的创造性活动。陶器的发明,始于新石器时代。

分布于黄河流域的仰韶文化、龙山文化、马家窑文化、齐家文化、大汶口文化以及长江流域的大溪文化、屈家岭文化、河姆渡文化、马家浜文化、良渚文化等出土文物都呈现出当时制陶工艺和文化的繁荣景象。例如,仰韶文化时期,陶器的种类已经有杯、钵(洗涤或盛放东西的器具)、碗、盆、罐、瓮、盂、瓶、甑(蒸锅)、釜、灶、鼎、器盖和器座等,不但产品种类非常丰富多样,而且造型方面也非常美观和实用。

新石器时代的制陶材料主要有红土、沉积土、黑土或其他黏土,有时加入砂粒、石灰粒、稻草末等掺合料,这些掺合料可以防止陶器烧制时破裂。从仰韶文化晚期开始,出现了由瓷土和高岭土为原料的白陶,这对后来陶过渡到瓷起到了十分重要的作用。新石器时代陶器的成型工艺主要分为手制法和轮制法,手制法又可分为捏塑法、模制法和泥条盘筑法。轮制法是一种比较先进的制陶工艺,泥料在陶轮上借助快速转动的力量便可用提拉的方式成型。轮制陶器比手制陶器器型更加规整,薄厚更均匀。龙山文化时期所制壁厚为1mm的蛋壳陶,是当时制陶工艺的高峰。为了使陶器更加美观,在烧制之前,还要处理陶器的肌理和色彩纹饰。在陶坯将干未干时,用光滑的石头或骨器在陶器表面压磨,烧好以后,陶器表面十分光亮。还有一种工艺叫做陶衣,将粒度很细的陶土加水制成泥浆轻涂于陶坯上,烧好之后表面就附着一层色衣,陶衣成分的不同而呈现诸如红、棕、白等色。纹饰的制作方法和形式法则往往构成了某一文化的特征,有压印、拍印、刻画、彩绘、镂空等方法,例如,马家窑文化的彩陶就是非常具有代表性的彩绘纹饰,如图5-1所示。

图 5-1 马家窑文化的彩陶

随着手工业分工和白陶烧制质量的提高，人们采用含铁量更低、杂质更少的瓷土作原料和器表施釉的新技术，创制出了我国最早的原始青釉瓷器。随着中国步入封建社会，生产力有了长足的发展，特别是汉代，政治、文化、经济的影响都波及海外，在陶瓷艺术上也有所反映，其突出成就是，西汉时期低温铅釉陶器的出现和战国晚期工艺传统一度中断的原始青瓷，经过秦汉时期的复兴，在东汉时期，终于烧制成功成熟的青瓷，这是对中国乃至世界物质文明的一大贡献。三国两晋时期白瓷的出现又是我国劳动人民的一次重大成就。

通常用"南青北白"来概括唐代制瓷业的发展，邢窑白瓷和越窑青瓷（见图5-2）分别是北方和南方制瓷业的最高成就，但事实上，北方诸窑因为制瓷历史的短暂，也尝试烧了一定量的黄瓷、黑瓷和花瓷。不过具有盛唐气象的三彩釉陶在历史上是有很大影响的，不仅因为唐三彩绚丽斑斓，也很好地折射出唐代人的生活意趣。在制瓷工艺上，唐代留给后世的一份厚礼是在烧制工艺中普遍使用了匣钵装烧。宋代是我国制瓷业的一个繁荣时期，汝、官、哥、钧、定等名窑百花齐放。钧瓷的海棠红、玫瑰紫灿如晚霞，变化如行云流水的窑变色釉，汝窑汁水莹润如堆脂的质感，景德镇青白瓷的如玉色质，龙泉青瓷翠绿晶润的梅子青，哥窑满布断纹的瑕疵美等，这些造就了宋代瓷器的全新仪态和风范，开辟出审美新境界。元代青花的出现，为明清时期青花瓷的繁荣奠定了基础。和宋代瓷器相比，明代瓷器并不供城乡人民日常生活之用，而是作为地主贵族的陈设品。明代瓷器的种类繁多，而且由于海外贸易的繁荣，在制瓷技术、原料等方面也受到外国的影响。清代时用西洋进口的珐琅彩绘制瓷胎画珐琅器，在康熙年间创造出别具一格的粉彩，为中国陶瓷艺术又注入了新鲜的血液。清代康熙、雍正、乾隆三朝的景德镇制瓷业，官窑和民窑俱盛，彩绘和色釉并茂，是中国瓷器生产的黄金时代。

图5-2 越窑青瓷

图 5-3　陶瓷茶壶

在 18 世纪末，工业革命技术革新开始影响到传统手工业。1759 年，Wedgwood 在陶瓷的生产中引进了蒸汽动力，他把陶瓷生产过程分为单独的几个部分，这种劳动力的分工和细化创造出批量化生产的基础。这一生产方法的改进提高了产量，并最终发展到装配生产线，奠定了日用陶瓷标准化生产的工业基调。Wedgwood 生产的陶瓷虽然也有着美丽的花纹和类似浮雕的效果，但是工业标准化的痕迹已经开始显露，如图 5-3 所示。

5.2　陶 瓷 的 属 性

陶瓷是以天然矿物质和人工合成的化合物为原料，按一定量的比例配料，经混合磨细、成型、烧结而成，其化学组成是由金属元素和非金属元素构成的简单化合物或复杂的多相固体混合物。陶瓷的基本特性和分类见表 5-1 和表 5-2。

表 5-1　　　　　　　　　　　　　**陶瓷的基本特性**

机械性能	刚度	弹性模量高，超过金属若干倍
	硬度	硬度较高，随温度升高而降低
	强度	抗拉强度很低，抗压强度很高
	塑性	塑性很差，在常温下几乎没有
	脆性	脆性极高，很容易裂变
热性能	热膨胀	热膨胀系数较小
	热导率	热导率低
	热稳定性	热稳定性很低
其他性能	电导率	良好的绝缘体，有些具有导电性能
	化学稳定性	耐火性、耐腐蚀性很好

表 5-2　　　　　　　　　　　　　**陶瓷的分类**

普通陶瓷	按性质分类	土器、陶器、炻器、半瓷器和瓷器
	按用途分类	日用陶瓷、建筑陶瓷、绝缘陶瓷、化工陶瓷、艺术陶瓷
特种陶瓷	按应用分类	功能陶瓷、工程陶瓷
	按成分分类	氧化物陶瓷、氮化物陶瓷、碳化物陶瓷、金属陶瓷等

5.2.1 普通陶瓷

土器是最原始、最低级的陶瓷，一般以一种易熔黏土制造。这种黏土多用来制造砖瓦，但作为一种材料，它并不严格地用来制作一种或几种特定的产品，能利用土器的制作工艺来制作产品，对设计师来说并不是什么新鲜事。土器的吸水率一般保持在5%～15%，烧成后坯体的颜色取决于氧化物的含量和烧结环境，在氧化焰中烧成多呈黄色或红色，在还原焰中烧成则多呈青色或黑色。

陶器可分为普通陶器和精陶。普通陶器即指陶盆、罐、缸、瓮以及耐火砖等具有多孔性着色坯体的制品。精陶吸水率为4%～12%，因此有渗透性，没有半透明性，最常见的是白色。精陶分类及特点见表5-3。

表5-3　　　　　　　　　　　精陶分类及特点

分类	特点	应用举例
黏土质精陶	接近普通陶瓷	耐火砖
石灰质精陶	以石灰质为熔剂，但质量不及长石质	（近年很少生产）
长石质精陶	以长石质为熔剂，是最完美和使用最广的陶器	日用餐具
熟料质精陶	在坯料中加入一定熟料，减少收缩，避免出现废品	浴盆等大型陶瓷产品

炻器坯体致密，对原料的纯度不像瓷器那样高，原料的获取较为容易。炻器具有良好的热稳定性，适应于现代机械化洗涤，并能顺利通过从冰箱到烤炉的温度剧变，这在整个陶瓷大家族里是非常特别的。半瓷器的坯料接近于瓷器，但仍有3%～5%的吸水率，所以它的使用性能不及瓷器，但比陶器要好。

瓷器是陶瓷发展的更高阶段，它的特征是坯体完全烧结，完全玻化，因此非常致密，对液体和气体都无渗透性，胎薄处半透明，断面呈贝壳状。陶器和瓷器的区别见表5-4。

表5-4　　　　　　　　　　　陶器和瓷器的区别

项目	陶器	瓷器
原料	黏土	瓷土
烧成温度（℃）	700～1000	大于1200以上
釉料	不施釉或者施低温釉	施高温釉
吸水率（%）	大于8	0～0.5

5.2.2 特种陶瓷

特种陶瓷又称现代陶瓷、新型陶瓷，是一些具有特殊物理或化学性能并满足特殊使用需求的陶瓷。特种陶瓷按照化学成分可分为两类：一类是氧化物陶瓷，如三氧化二铝、氧化镁、氧化钙等；另一类是非氧化物陶瓷，如碳化物、硼化物、氮化物、硅化物等。

特种陶瓷与传统陶瓷相比主要有以下区别：

（1）原料。特种陶瓷在原料和成分上突破了传统陶瓷以黏土为主要原料的局限，取而代之的是氧化物、氮化物、硅化物等。另外，传统陶瓷主要以黏土为原料，因此陶瓷的质地因产地和炉窑的不同而不同，但特种陶瓷的主要原料是化合物，成分由人工配置而得，其性质的优劣由原料的纯度和工艺决定，而不再受地域的限制。

（2）制备工艺。特种陶瓷突破了传统陶瓷以炉窑为烧制手段的界限，广泛采用真空烧结、保护气氛烧结、热压、等静压法等手段。

（3）性能。特种陶瓷具有突出的特殊功能，如高强度、高硬度、耐腐蚀、导电、绝缘等，这些特点使得特种陶瓷在机械、电子、宇航、医学等领域都有广泛的应用。

5.3 陶 瓷 工 艺

5.3.1 原料配制

陶瓷原料可分为具有可塑性的黏土类原料、具有非可塑性的石英类原料（瘠性原料）、长石类原料和其他天然原料四大类。

（1）黏土类原料。黏土是自然界中硅酸盐岩石经过长期风化作用而形成的一种土状矿物混合体，为细颗粒的含水铝硅酸盐，具有层状结构。当其与水混合时，有很好的可塑性，在坯体中起塑化和黏合作用，赋予坯体以塑性变形或注浆能力，并保证干坯的强度及烧结制品的使用性能。

（2）石英类原料。石英是一种结晶状二氧化硅的天然矿物，地球上随处可见，存在的形态很多，以原生态存在的有水晶、脉石英、玛瑙；以次生态存在的有砂岩、粉砂、燧石等；以变质态存在的有石英岩和碧玉等。石英在陶瓷生产中的作用主要有：①是瘠性原料，可降低可塑性，减少收缩变形，加快干燥；②在高温时可部分溶于长石玻璃中，增加液相黏度，减少高温时的坯体变形；③未熔石英与莫来石一起可构成坯体骨架，增加强度；④在釉料中增加石英含量可提高釉的熔融温度和黏度，提高釉的耐磨性和抗化学腐蚀性。

（3）长石类原料。长石是长石族矿物的总称，也是构成地壳的最主要矿物，几乎所有的岩石中都可以见到它。这类矿石的特点是有比较统一的结构规则，属空间网架结构的硅酸盐。

（4）其他天然原料。除了上面介绍的陶瓷原料外，霞石、滑石、硅灰石、辉石、石灰石等都不同程度地可以成为陶瓷的原料。

5.3.2 成型

陶瓷成型的方法很多，按照坯料的性能可分为可塑法、注浆法和压制法三类。

5.3.2.1 可塑法

可塑法又叫塑性料团成型法。坯料中加入一定量的水分或塑化剂，使坯料成为具有良好塑性的料团。然后，利用料团的可塑性通过手工或机械成型。其中最常用的是挤压成型和车坯成型。

（1）挤压成型。挤压成型是将可塑泥团在活塞的压力下，经过机嘴模孔而达到要求的形状。挤压成型适用于加工各种断面形状规则的瓷棒或轴（如圆形、方形、椭圆形、六角形）和各种管状产品（如高温炉管、热电偶套、电容器瓷管等）。

（2）车坯成型。车坯成型是用挤压出的圆柱形泥段作为坯料，在卧式或立式车床上加工成型。车坯成型常用于加工形状较为复杂的圆形制品，特别是用于加工大型的圆形制品。

5.3.2.2 注浆法

注浆法又叫浆料成型法，它是把原料配制成浆料然后注入模具中成型。注浆法又分为一般注浆成型和热压注浆成型。

（1）一般注浆成型。它是将泥浆注入石膏模具中，经过一段时间后在模具内壁黏附着具有一定厚度的坯体，然后将余泥浆倒出，坯料形状便在模具内固定下来。这种成型方法常用来制造形状复杂、精度要求不高的日用陶瓷和建筑陶瓷。

（2）热压注浆成型。热压注浆成型和熔模铸造中蜡模的制造工艺相似，在原料中加入塑化剂（石蜡）制成蜡浆，然后在适当的温度下以一定的压力将蜡浆注入金属模具中，等到坯体冷却凝固后再脱模。由于常用浆料中的石蜡含量在 13% 以上，高温下石蜡软化会引起坯体变形，因此，在烧结之前先要排蜡，即将坯体埋在吸附剂中，在低于烧结温度的高温下，使石蜡熔化、渗透、扩散到吸附剂中蒸发掉，并使坯料初步发生化学反应而具有一定的强度。

排蜡后的坯体再经高温烧结后而成陶瓷产品。热压注浆成型是工业陶瓷中常用的一种成型方法，采用该法制得的产品尺寸较准确、表面光洁、结构紧凑。这种成型方法在产品设计中常用于制造形状复杂、尺寸和质量要求高的工业陶瓷产品。

5.3.2.3 压制法

压制法又叫模压成型法、干压成型法，它是将含有一定水分（或其他黏结剂）的粒状粉料填充于模具之中，对其施加压力，使之成为具有一定形状和强度的陶瓷坯体的成型方法。粉料含水量为 8%～15% 时为半干压成型，粉料含水量为 3%～7% 时为干压成型，特殊的压制工艺（如等静压成型），坯料水分可在 3% 以下。

（1）干压成型。干压成型是利用压力将干粉料在模具中压制成型的方法，它的特点是：一两个面受压；坯料水分少，压力大，坯体比较致密，收缩小，形状准确，无需大力干燥生坯；适用于形状简单，小型的坯体，如墙地砖、外墙砖、无线电瓷中的波段开关定动片、微调电动器动片、电子管座瓷及日用瓷中的平盘等。

（2）等静压成型。等静压成型是装在封闭模具中的粉末在各个方向同时均匀受压成型的方法。等静压成型是干压成型技术的一种新发展，模具的各个面上都受力，坯料水分少，压力均匀，坯体比较致密，收缩小，形状准确，无需大力干燥生坯，故成型质量优于干压成型。该工艺主要是利用了液体或者气体能够均匀地向各个方向传递压力的特性来实现坯体均匀受压成型的。

5.3.3 干燥

　　成型后的各种陶瓷坯体，一般都含有较高的水分，这种坯体因为没有足够的强度来承受搬运或再加工过程中的压力与振动，所以容易发生变形和损坏，尤其是可塑成型和注浆成型的坯体更是如此。因此，成型后的坯体必须进行干燥处理，坯体经过干燥处理以后，不但提高了表面吸附釉彩的能力，而且能在烧结时以较快的速度升温，从而缩短烧结周期，降低燃料消耗。

　　常用的坯体干燥方法有对流干燥、工频电干燥、微波干燥、远红外干燥等，不过在古代陶瓷坯体都是自然晾干最后烧结的。对流干燥是利用热气体的对流作用将热传给坯体，使坯体内的水分蒸发而干燥；工频电干燥是将电流通过坯体进行干燥；微波干燥是以微波辐射使坯体内极性强的分子（主要是水分子）的运动随着交变电场的变化而加剧，发生摩擦而转化为热能使坯体干燥；远红外干燥是利用远红外辐射器发出的远红外线为坯体所吸收，直接转变为热能而干燥的方法。生产中常常根据生坯不同干燥阶段的特点，将几种干燥方法综合起来取长补短，可以取得很好的效果，如图 5-4 和图 5-5 所示。

图 5-4　晾干

图片出处：陈雨前 . 中国陶瓷文化 [M]. 北京：中国建筑工业出版社，2004.

图 5-5　晒坯

图片出处：陈雨前 . 中国陶瓷文化 [M]. 北京：中国建筑工业出版社，2004.

5.3.4 装饰处理

5.3.4.1 坯体装饰

　　坯体成型以后，为了取得更好的使用功能和视觉效果，设计师会根据陶瓷产品的适用场景为其添加装饰。陶瓷的装饰处理反映的是在特定时代具有区域特征的审美意识和生活态度，往往是一个时代或地域性文化的典型代表。坯体装饰的手法非常多，主要有化妆土装饰、划花、刻花、贴花、印花、剔花、镂空、彩绘、雕塑等。

（1）化妆土装饰。化妆土装饰是指用上好的瓷土加工调和成泥浆，施于质地较粗糙或颜色较深的瓷坯表面，从而美化瓷器。化妆土有灰色、浅灰色、白色等，采用化妆土装饰可以让瓷器的表面光滑、平整，坯体较深的颜色会被覆盖掉，釉层外观显得更加美观、光亮、柔和、滋润。

（2）划花。划花是在半干的器物坯体表面以竹、木、铁杆等工具浅浅地划出线状花纹，然后施釉或直接入窑焙烧。划花的优点是手法比较灵活、线条自然、整体感强，因具有手工制作的气息而具有较强的亲和力。

（3）刻花。在尚未干透的瓷坯表面使用铁刀等工具刻画出花纹，然后施釉或直接入窑焙烧。刻花的刀法非常讲究，主要分为单刀侧入法和双入正刀法，如图 5-6 所示。

图 5-6 刻花碗

图片出处：陈雨前 . 中国陶瓷文化 [M]. 北京：中国建筑工业出版社，2004.

（4）贴花。贴花又称模印贴花或塑贴花，是将模印或捏塑的各种人物、动物、花卉、铺首等纹样的泥片用泥浆粘贴在已经成型的器物坯体表面，然后施釉入窑焙烧。贴花纹样生动、逼真，具有较强的立体感，这种技法出现于中国汉代并流行于三国两晋南北朝及至唐代，如唐代长沙窑瓷器就是贴花工艺的代表。

（5）印花。印花是用有花纹的陶瓷质料的印具在未干的器物坯体上印出花纹，或用有纹样的模子直接制坯，在坯体上留下花纹，然后烧制。半坡时期的陶器经常有绳纹出现，就是将绳子的纹理印制到了陶器上，印花可以得到很规则的纹样，有利于陶瓷的批量化生产。

（6）剔花。剔花是先在瓷坯表面施釉或化妆土，并刻出花纹，然后将花纹部分或化妆土层剔去，露出胎体，而施以化妆土的部分就会罩以透明釉。在器物烧成后，釉色、化妆色与胎地色彩形成对比，花纹具有浅浮雕感，装饰效果颇佳。剔花技法最早应用于北宋磁州窑时期，后来陆续传播到其他地区。

（7）镂空。镂空也叫镂雕或透雕，在器物坯体未干时，将装饰花纹雕透，然后直接入窑烧制或施釉后入窑烧制。镂空的纹样一般比较简单，多为较规则的几何图案，因为镂空以后坯体表面形成了虚实对比，创造出了较强的空间结构，所以镂空的陶瓷显得通透、轻盈，很具有现代气息，如图 5–7 所示。

图 5–7　镂雕

图片出处：陈雨前 . 中国陶瓷文化 [M]. 北京：中国建筑工业出版社，2004.

（8）彩绘。彩绘是用毛笔蘸取各种颜料在瓷坯上绘制纹饰。彩绘分为釉下彩绘和釉上彩绘，如图 5–8 ～ 图 5–10 所示。釉下彩绘是用颜料在坯体上绘画花纹，然后施釉入窑经高温烧成；釉上彩绘一般是将颜料画在施釉后高温烧过的器物釉面上，然后再入窑以 600 ～ 900℃的低温烘烧。

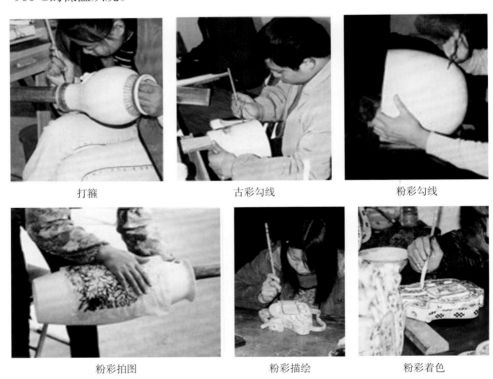

打箍　　　　　　　　　　古彩勾线　　　　　　　　　　粉彩勾线

粉彩拍图　　　　　　　　粉彩描绘　　　　　　　　　　粉彩着色

图 5–8　釉上彩绘——粉彩过程

图片出处：陈雨前 . 中国陶瓷文化 [M]. 北京：中国建筑工业出版社，2004.

图 5-9　釉上彩绘——粉彩

图片出处：陈雨前.中国陶瓷文化 [M].北京：中国建筑工业出版社，2004.

陆如 青花瓷板　　　　　青花勾线　　　　　　　青花分水

起稿　　　　　　拍图

填青花料　　　　喷釉　　　　　　　　　　　施釉

图 5-10　釉下彩绘——青花

图片出处：陈雨前.中国陶瓷文化 [M].北京：中国建筑工业出版社，2004.

（9）雕塑。雕塑是将手捏或模制的立体人物、动物、亭阙等密集而有规律地粘贴在器物坯体上，然后直接入窑烧制或施釉后入窑烧制。

5.3.4.2 上釉

上釉是将装饰完毕后的坯胎表面覆盖一层釉料。陶瓷坯体的表面上所覆盖的适当厚度的硅酸质材料，在熔融后能与坯体致密地接合，这种类似玻璃质的保护层称为釉。釉面质量的好坏直接影响上釉产品的性能和质量，尤其是具有艺术价值的陶瓷产品，釉面质量更具有决定性的影响。

（1）釉的分类，见表5-5。

表 5-5　　　　　　　　　　　　　　　　釉的分类

按制成物品的种类分类	陶器釉、炻器釉、瓷器釉等
按釉的主要助熔剂分类	石灰釉、灰釉、长石釉等
按施釉方式分类	生釉、食盐釉等
按釉的起源、产地和研究者分类	天目釉、布里斯脱釉等
按釉的组成的名称分类	铁红釉、青瓷釉等
按釉的外观分类	透明釉、失透釉、无光釉等

（2）上釉方法。上釉方法有以下几种：

1）涂釉法。用笔或刷子蘸釉浆以后直接涂到素胎上。

2）吹釉法。根据具体的需要在管筒一段蒙上纱，蘸釉浆以后吹于胎体上，多次反复均匀而成。

3）浸釉法。一般用于胎体外部施釉，手持瓷坯浸入釉浆中轻轻上下拉动或左右转动，借坯体的吸水性使釉附在瓷坯上。

4）荡釉法。把釉浆注入器坯内，上下左右旋荡胎体，使釉浆均匀的附在器坯内壁上。例如，壶瓶、罐类容器经常采用这种方法施釉。

5）轮釉法。将坯体放在旋轮上施釉，利用旋转产生的离心力使釉浆散甩到器坯的内壁上。

6）静电施釉。把釉浆喷至一个不均匀的电场中，使原为中性粒子的釉料带有负电荷，随同压缩空气向带有正电荷的坯体移动，从而达到施釉的目的。

7）干法施釉。目前主要包括流化床施釉、干压施釉和釉纸施釉三种方法。当压缩空气以一定的流速从底部通过釉料层时，粉料悬浮形成流化状态，流化床施釉是使加有少量有机树脂的干釉粉形成流化床，这种施釉方法不存在釉料悬浮体的流变性问题，釉层厚度与坯体的气孔率无关，尤其适用于熔块釉及烧结坯体的施釉。干压施釉主要用于建筑陶瓷内外墙砖的施釉，这种方法借助于压制成型机，将成型、上釉一次完成。釉纸施釉是指将表面含有大量羟基的黏土矿物制备成浓度为0.3%～10%的悬浮液，把釉料均匀的分散到悬浮液中，然后把这种分散液捞取成釉纸，上釉时先将釉纸附在石膏模中，脱水后，釉纸附在坯体上，也可在成型后的湿坯上黏附釉纸，还可在干燥或烧成后的坯体上黏附釉纸。

（3）上釉的作用。上釉的作用有以下几方面：

1）可增加坯体的强度。

2）防止多孔性的坯体内所装液体的渗透。

3）增加坯体表面的平滑性。

4）具有装饰性，可增加陶瓷的审美气质。

5）具有对酸碱的抗蚀性。

5.3.5 烧结

烧结也称烧成，是坯体瓷化的工艺过程，也是陶瓷制品中最重要的一道工序。经过成型、干燥和施釉后的半成品必须经过高温焙烧，坯体在高温下发生一系列的物理和化学变化，使原来由矿物原料组成的生坯达到完全致密程度的瓷化状态，成为具有一定性能的陶瓷制品。

一件瓷器烧制的成功与否同窑的形状、装瓷匣钵入窑后的摆放位置、烧成温度的高低、窑内火焰燃烧的化学变量等都有极大关系。不同时期、不同瓷质的瓷器烧成温度是有差异的，平均烧成温度为 1100～1300℃。烧结可以在煤窑、油窑、电炉、煤气炉等高温窑炉中完成，整个烧制过程可分为低温蒸发、氧化分解和晶型转化、玻化成瓷和保温、冷却定型四个阶段。

陶瓷制品在烧结后即硬化成型，具有很高的硬度，一般不能再加工。对于某些尺寸精度要求很高的制件，烧结后可进行研磨、电加工或激光加工。

陶瓷的烧成方法主要有以下几种：

（1）低温烧成。一般来说，凡烧成温度有较大幅度降低且产品性能与通常烧成的性能相近的烧成方法可称为低温烧成。低温烧成可以极大地节省能源，而快速烧成又能在极大地节省能源的同时提高产量，并进一步降低生产成本。

（2）热压烧结。热压烧结是在高温下加压促成坯体烧结的办法，也是一种使坯体的成型和烧结同时完成的新工艺，在粉末冶金和高温材料工业中已经普遍采用这种方法。作为一种新的烧成方法，热压烧结已经逐渐成为提高陶瓷材料性能以及研发新型陶瓷材料的主要途径之一，热压可以显著降低烧成温度和缩短烧成周期。热压烧结的缺点是：过程和设备较为复杂，生产控制要求比较严格，模具材料的技术要求高、耗电；在没有实现自动化和连续热压以前，生产效率低，劳动力消耗大。随着科技水平的提高，目前热压烧结已经发展出半连续热压等方法。

（3）等静压法。等静压法也是一种成型和烧制同时进行的方法。它常利用等静压工艺与高温烧结相结合的新技术，解决了普通热压中缺乏横向压力和产品密度不够均匀的问题，并可以使陶瓷的致密程度进一步提高。等静压法的最大特点是能在较低的烧成温度下，在较短的时间内得到各向同性、几乎完全致密的细晶粒陶瓷制品，因此制品的各项性能均有显著的提高。等静压法可以直接从粉料制得各种复杂形状和大尺寸的陶瓷制品，能精确控制制品的最终尺寸，故制品只需很少的精加工甚至无需加工就能使用。这对硬度极高的以及贵重、稀有的材料来说具有特别重要的意义。

（4）真空烧结。前面所述的热压烧结法通常需要在保护气氛下烧结。在真空中施加机械压力的烧结方法称为真空热压烧结法。这种烧结法不存在气氛中的某些成分对材料的不良作用，有利于材料的排气，因此能获得致密度更高的产品。另一种不加机械压力的真空烧结法，主要用于烧结高温陶瓷以及一些特殊的金属陶瓷等，这种烧结法是在专门的感应真空炉中进行的。真空烧结的设备较为复杂，当要求的真空较高时，需配备性能良好的高真空泵。

5.4 陶瓷应用的可能性

陶瓷是一种非常特别的材料，长久以来，工匠、艺术家和设计师都在不断地对这种材料进行探索，因此陶瓷的性能和存在形态也在极快地更新之中，传统陶瓷的脆性也被逐渐改善，设计师对这种材料的理解和认识在悄然变化，脆性带来的局限现在成了创新的主要立足点。就材料目前的发展趋势来看，各种材料之间的界限和固有特征都在不断被打破和改变，这对设计师来说是个好机会。用陶瓷材料塑造其他材料的常见形态是个好方法，设计师 Judith van den Boom 和 Sharon Geschiere 通过尝试用陶瓷模仿橡胶管打结而设计出的花瓶，如图 5-11 所示。

自现代设计诞生以来，陶瓷主要被用于建筑、卫浴、厨具等设计当中，因此对于常用陶瓷的印象也会自然而然地联想到这些方面，技术不断进化，材料的使用范围也在不断扩展。一方面设计师可以使用传统陶瓷涉足以前陶瓷材料还未涉及的领域，另一方面也可以使用高科技陶瓷代替传统陶瓷改善性能。Rado（雷达）在 20 世纪 80 年代就开始探索用陶瓷材料制作手表，因为氧化锆不但无比坚硬而且永不磨损，这种特种陶瓷材料的超精细粉末在压制成型后，在 1450℃的高温下烧结，再用钻石沙抛光成光亮具有金属感的表面。图 5-12 所示为瑞士 Rado 公司生产的陶瓷

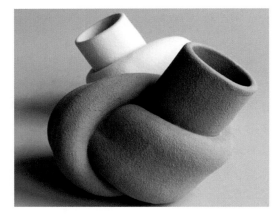

图 5-11 打结的花瓶（Knotted Vases）
（Judith van den Boom 和 Sharon Geschiere 设计）

图片出处：http://www.dezeen.com/2010/10/17/knotted_by_judith_van_den_boom_and_sharon_geschiere/

手表，在 1993 年获得日本 G-Mark 大奖，表面无比光洁、坚硬，而且具有超强的抗磨损能力。

打破常规似乎是设计创新的"万能钥匙"，如果我们对日常用品的审美法则和造型

结构视而不见，则长期以来锻炼出的设计敏感度也会随着时间的流逝消磨殆尽。尝试捕捉随机形态可能是个好的选择，荷兰设计组织 Front design 设计的小狗脚印花瓶（Dog Vase）就是通过动物无意识的参与而完成的设计，这个瓷质花瓶的造型和质感来自于小狗在深雪地里留下的脚印，如图 5–13 所示。

图 5–12　手表（瑞士 Rado 公司设计）

图 5–13　小狗脚印花瓶（Dog Vase）
（荷兰设计组织 Front design 设计）

图片出处：http：//www.acejewelers.com/
Rado_Sintra_Large/en/product/2923.aspx

图片出处：http：//www.designfront.org/
uploads/01dog_vase_FRONT.jpg

　　图 5–14 所示为 Front design 设计的陶瓷花瓶，造型的灵感来自于多次拍摄一个小瓶子自由落体的过程后通过类似金属的焊接工艺而成。陶瓷产品的形态长期以来都是设计师深思熟虑之后具有明显形式法则的物品，通常具有较明显的几何形式，但是 Front design 通过用 3D 软件处理而得到了很随机的陶瓷的存在形式，看上去就像风微微吹过，如图 5–15 所示。

图 5–14　自由落体花瓶（Falling Vase）
（荷兰设计组织 Front design 设计 ）

图 5–15　微风拂动的花瓶（Blow Away Vase）
（荷兰设计组织 Front design 设计 ）

图片出处：http：//www.designfront.org/
uploads/falling_vase.jpg

图片出处：http://www.designfront.org/
uploads/FRONT_blow_away_vase.jpg

陶瓷的种类很多，设计师去选择和发现不太常用的陶瓷种类进行设计也可以获得意外的设计回报，炻器、陶器还有特殊的黏土材料也有相当的设计价值。

澳大利亚陶艺家 Mel Robson 一向喜欢制作造型奇特的另类陶器，多数时候，他的作品不上釉色，白胚让这些功能性的瓶瓶罐罐或者非功能性的小摆件看起来素雅和别致，如图 5-16 所示。

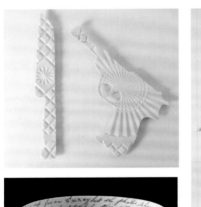

图 5-16　Mel Robson 设计作品（澳大利亚陶艺家 Mel Robson 设计）

图片出处：http://design.sunbala.cn/2009_03_17/290313_show.shtml

设计师 Louie Rigano 设计的茶壶（见图 5-17）的材质很像我们日常所见的砂锅，古朴而可爱，再配上木质把手和厚盖，一种茶的意味被烘托得很出彩。

图 5-17　茶壶（美国设计师 Louie Rigano 设计）

图片出处：http://www.louierigano.com/index.php?/product_design/teapots/

另外，材料设计的创新方法并不囿于材料成分的改变，加工工艺的改变也会有意外的收获，这种改变并不一定建立在高科技的背景之下，很多时候只是一种思维模式的创新，由此得到的产品设计就会呈现出跟往常不同的风貌，如图 5–18 所示。

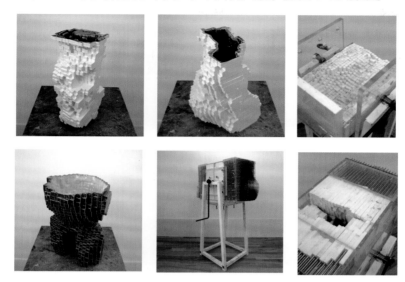

图 5–18 像素肌理花瓶（Pixel Vases）

图片出处：http：//www.dezeen.com/2010/07/05/pixel_mould–by_julian_bond/

思 考 题

1. 请探寻中国陶器的魅力所在及其今后的发展趋势。
2. 陶器、瓷器、炻器的特点是什么？

第6章 玻　璃

6.1 玻　璃　简　史

　　玻璃，中国古代称为璧琉璃、琉璃。最早的玻璃是由火山爆发出的酸性岩浆凝固而得到的天然玻璃。人类至今无法断言玻璃被发明的时间和地点，根据已知的考古资料推算，最早的玻璃大约兴起于公元前 3000 年的青铜器时代，古代玻璃业遗址首次发现于西亚美索不达米亚平原的明坦尼亚地区。最早的玻璃常用来制成珠子、印章、镶嵌物、小别针等装饰品，直到公元前 1600 年左右玻璃器皿才开始出现。此后，玻璃作为一种贵重材料备受人们青睐，其制造技术迅速传遍当时的主要文明地区。在 17 世纪发明出铅玻璃以前，玻璃的主要原料是硅石、石灰以及苏打等混合物。古代玻璃的工艺主要有吹制法、模制法等，在不同时期、不同地点的工艺技术都有不同的风格。

　　玻璃在中国的存在至少已有上千年的历史，考古发掘表明，玻璃艺术在春秋战国时期就达到相当的高度，但是因为当时的精神追求和审美标准的局限，玻璃艺术并没有得到长足的发展，玉和陶瓷的兴盛让人们几乎忽略了玻璃艺术。自 19 世纪以来，玻璃逐渐走上了工业化之路，成本大大降低，因此玻璃才开始融入人们的日常生活（见图 6–1）。

图 6–1　鸭形玻璃柱（1965 年出土于辽宁省北票县西官营子冯素弗墓）

图片出处：http://www.feiqu.com/attachments/month_1110/20111015_2e6a7f4b
c8bbab7e17a1sVxrCuFdG8Tg.jpg

　　自现代设计诞生以来，玻璃大量被用于建筑外墙以及各种花哨的器皿，例如，芬兰设计师 Alvar Aalto 设计的赫尔辛基甘蓝叶花瓶（Savoy Vase）的造型非常具有开创性。他在地上挖了一个不规则的坑，用桦树皮围起来，然后用吹制的方法使玻璃泡的边缘完全和不规则的桦树皮边缘、坑底贴合，再切开玻璃泡上端，就得到了这个瓶子了，如图 6–2 所示。

图 6-2　赫尔辛基甘蓝叶花瓶（Savoy Vase）（芬兰设计师 Alvar Aalto 设计）

图片出处：http://www.designbuzz.it/2006/11/16/alvar_aalto_limited_edition/

在 20 世纪中期，芬兰设计大师 Tapio Wirkkala 通过一种叫做 incalmo 的技术设计出了保利花瓶（Bolle Vase），创造性地把两种以上颜色的玻璃组合到一个形式当中，极大地丰富了视觉美感，如图 6-3 所示。

图 6-3　保利花瓶（Bolle Vase）（芬兰设计师 Tapio Wirkkala 设计）

图片出处：http://poshposh.com/2009/09/bolle_vases_by_tapio_wirkkala_are_a_colorful_investment_for_your_home/

6.2　玻 璃 的 属 性

玻璃是将原料加热熔融、冷却凝固所得的非晶态无机材料。由于玻璃是非晶态结构，因此其物理性质和力学性质等是各向同性的。

（1）强度。玻璃的强度取决于其化学组成、杂质含量及分布、制品的形状、表面状态和性质、加工方法等。玻璃是一种脆性材料，其强度一般用抗压、抗张强度等来表示。玻璃的抗张强度较低，这是由于玻璃的脆性和玻璃表面的微裂纹所引起的。玻璃的抗压强度为抗张强度的 14～15 倍。

（2）硬度。玻璃的硬度较大，硬度仅次于金刚石、碳化硅等材料，它比一般金属硬，不能用普通刀和锯进行切割。玻璃的莫氏硬度值为 5～7，可根据玻璃的硬度值选择磨料、磨具和加工方法，如雕刻、抛光、研磨和切割等。

（3）光学性质。玻璃是一种高度透明的物质，具有一定的光学常数、光谱特性，具有吸收或透过紫外线和红外线、感光、光变色、光储存和显示等重要光学性能。通常光线透过越多，玻璃质量越好。玻璃品种较多，各种玻璃的性能有很大的差别，如有的铅玻璃具有防辐射的特性。一般，改变玻璃的成分及工艺条件可使玻璃的性能有很大的变化。

（4）电学性能。常温下玻璃是电的不良导体。温度升高时，玻璃的导电性迅速提高，熔融状态时变为电的良导体。

（5）热性质。玻璃的导热性很差，一般经受不了温度的急剧变化，制品越厚，承受温度急剧变化的能力越差。

（6）化学稳定性。玻璃的化学性质较稳定，大多数工业用玻璃都能抵抗除氢氟酸以外酸的侵蚀。玻璃耐碱腐蚀性较差，长期在大气和雨水的侵蚀下，表面光泽会失去，变得晦暗。尤其是一些光学玻璃仪器易受周围介质（如潮湿空气）等作用，表面形成白色斑点或雾膜，破坏了玻璃的透光性，所以在使用和保存中应加以注意。

6.3 玻 璃 工 艺

6.3.1 玻璃原料

用于制备玻璃配合料的各种物料统称为玻璃原料。根据用量和作用的不同，玻璃原料分为主要原料和辅助原料两类。主要原料是指为向玻璃中引入各种主要成分而配入的原料，它们决定了玻璃制品的物理化学性质。辅助原料是为了赋予玻璃制品具有某些特殊性能和加速熔制过程所加的原料。

6.3.1.1 主要原料

（1）石英砂。石英砂又称硅砂，其主要成分是二氧化硅，它是玻璃形成的重要氧化物，以硅氧四面体的结构组元形成不规则的连续网络，成为玻璃的骨架。

（2）硼酸、硼砂及含硼矿物。向玻璃中引入 B_2O_3 的原料，以降低玻璃的膨胀系数，提高热稳定性、化学稳定性和机械强度，增加玻璃的折射率，改善玻璃的光泽度。此外，B_2O_3 还起助熔剂作用，能加速玻璃的澄清，降低玻璃的结晶能力。

（3）长石、瓷土、蜡石。长石、瓷土、蜡石的主要成分是 SiO_2、Al_2O_3 等。Al_2O_3 能提高玻璃的化学稳定性、热稳定性、机械强度、硬度和折射率，减轻玻璃溶液对耐火材料的侵蚀，并有助于氟化物的乳浊。

（4）纯碱、芒硝。向玻璃中引入碱金属氧化物 Na_2O 的主要原料，Na_2O 是玻璃的良好助熔剂，可以降低玻璃黏度，使其易于熔融和成型。

（5）方解石、石灰石、白垩。向玻璃中引入 CaO 的主要原料，CaO 在玻璃中主要作为稳定剂，含量较高时能使玻璃的结晶化倾向增大，而易使玻璃发脆。在一般玻璃中，CaO 的含量不超过 12.5%。

（6）硫酸钡、碳酸钡。向玻璃中引入 BaO 的主要原料，含 BaO 的玻璃吸收辐射线能力较强，常用于制作高级器皿玻璃、光学玻璃、防辐射玻璃等。

（7）铅化合物。向玻璃中引入 PbO 的主要原料，PbO 能增加玻璃的密度，提高玻璃的折射率，使玻璃制品具有特殊的光泽和良好的导电性能。铅玻璃的高温黏度小，熔制温度低，易于澄清，硬度小，便于研磨抛光。

6.3.1.2 辅助原料

（1）澄清剂。向玻璃配合料或玻璃溶液中加入一种高温时本身能气化或分解放出气体，以促进排除玻璃中气泡的添加物称为澄清剂。

（2）着色剂。使玻璃制品着色的添加剂称为着色剂，通常将锰、铂、镍、铜、金、硫、硒等金属和非金属化合物作为着色剂，其作用是使玻璃对光线产生选择性吸收，从而显出一定的颜色。

（3）脱色剂。为了提高无色玻璃的透明度，常在玻璃熔制时，向配合料中加入脱色剂，以去除玻璃原料中含有的铁、铬、钛、钒等化合物和有机物的有害杂质。

（4）乳浊剂。使玻璃制品对光线产生不透明的乳浊状态的添加物称为乳浊剂。

（5）助熔剂。能促使玻璃熔制过程加速的添加物称为助熔剂或加速剂。

玻璃原料的选择是玻璃制品生产中的一个重要环节，采用何种原料作为主要成分要根据玻璃组成、性质要求、原料来源、价格与供求的可靠性等因素全面考虑。

6.3.2　玻璃的熔制

玻璃的熔制是将配合料经过高温熔融形成均匀无气泡并符合成型要求的玻璃溶液的过程，它是玻璃生产中很重要的环节，是获得优质玻璃制品的重要保证。

玻璃的熔制是一个非常复杂的工艺过程，它包括一系列物理化学现象和反应，使各种原料混合物变成复杂的熔融物，即玻璃溶液。从工艺角度而论，玻璃的熔制大致可分为硅酸盐的形成、玻璃的形成、澄清、均化和冷却五个阶段。钠—钙—硅玻璃的熔制过程见表 6–1。

表 6–1　　　　　　　　　　　　　　钠—钙—硅玻璃的熔制过程

阶　　段	反　　应	生成物	熔制温度（℃）
硅酸盐的形成	石英结晶的转化，Na_2O 和 CaO 的生成各组分固相反应	硅酸盐和 SiO_2 组成的烧结物	800～900
玻璃的形成	烧结物熔化，同时硅酸盐与 SiO_2 互相溶解	带有大量气泡和不均匀条缕的透明玻璃溶液	1200
澄清	玻璃溶液黏度降低，开始放出气态混杂物	去除可见气泡的玻璃溶液	1400～1500
均化	玻璃溶液长期保持高温，其化学成分趋向均一，扩散均化	消除条缕的均匀玻璃溶液	低于澄清温度
冷却	玻璃溶液达到可成型的黏度		200～300

6.3.3 玻璃的成型

玻璃的成型是将熔融的玻璃溶液加工成具有一定形状和尺寸的玻璃制品的工艺过程。常见的玻璃成型方法有压制成型、吹制成型、拉制成型和压延成型。

（1）压制成型。压制成型是在模具中加入玻璃熔体加压成型，多用于玻璃盘碟、玻璃砖等。

（2）吹制成型。吹制成型是先将玻璃熔体压制成雏形型块，再将压缩气体吹入处于热熔态的玻璃型块中，使之吹胀成为中空制品。吹制成型可分为机械吹制成型和人工吹制成型，用来制造瓶、罐、器皿、灯泡等。

（3）拉制成型。拉制成型是利用机械拉引力将玻璃熔体制成玻璃制品，可分为垂直拉制和水平拉制，主要用来生产平板玻璃、玻璃管、玻璃纤维等。

（4）压延成型。压延成型是用金属辊将玻璃熔体压成板状制品，主要用来生产压花玻璃、夹丝玻璃等。该成型方法可分为平面压延成型与辊间压延成型。

6.3.4 玻璃的热处理

玻璃制品在生产中，由于要经受激烈和不均匀的温度变化，导致制品内部产生热应力，结构变化的不均匀及热应力的存在会降低制品的强度和热稳定性，很可能在成型后的冷却、存放和机械加工过程中自行破裂；制品内部结构变化的不均匀性，又可能造成玻璃制品光学性质的不均匀。因此，玻璃制品成型后，一般都要经过热处理。玻璃制品的热处理一般包括退火和淬火两种工艺。

退火就是消除或减小玻璃制品中的热应力的热处理过程。对光学玻璃和某些特种玻璃制品，通过退火可使其内部结构均匀，以达到要求的光学性能。

淬火就是使玻璃表面形成一个有规律、均匀分布的压力层，以提高玻璃制品的机械强度和热稳定性。

6.3.5 玻璃制品的二次加工

成型后的玻璃制品，除极少数能直接符合要求外（如瓶罐等），大多数还需作进一步加工，以得到符合要求的产品。经过二次加工可以改善玻璃制品的表面性质、外观质量和视觉效果。玻璃制品的二次加工可分为冷加工、热加工和表面处理三大类。

（1）冷加工。冷加工是指在常温下通过机械方法来改变玻璃制品的外形和表面状态所进行的工艺过程。冷加工的基本方法包括研磨、抛光、切割、磨边、喷砂、钻孔和车刻等。

1）研磨是为了磨除玻璃制品的表面缺陷或成型后残存的凸出部分，使制品获得所要求的形状、尺寸和平整度。

2）抛光是用抛光材料消除玻璃表面在研磨后仍残存的凹凸层和裂纹，以获得光洁、平整的表面。

3）切割是用金刚石或硬质合金刀具划割玻璃表面并使之在划痕处断开的加工过程。

4）磨边是磨除玻璃边缘棱角和粗糙截面的方法。

5）喷砂是通过喷枪用压缩空气将磨料喷射到玻璃表面以形成花纹图案或文字的加工方法。

6）钻孔是利用硬质合金钻头、钻石钻头或超声波等方法对玻璃制品进行打孔。

7）车刻又称刻花，是用砂轮在玻璃制品表面刻磨图案的加工方法。

虽然玻璃的冷加工方式非常之多，但并不意味着低成本、方便、快速的加工方式就是最好的，对于设计师来讲，为追求一种适合场景的效果，可以搭配使用或通过另外的方式来实现，例如，人工敲打的方式，能加工出非常特别的边角，具有很丰富的装饰效果。

（2）热加工。有很多形状复杂和要求特殊的玻璃制品需要通过热加工进行最后成型。此外，热加工还用来改善玻璃制品的性能和外观质量。热加工的方法主要有火焰切割、火抛光、钻孔、锋利边缘的烧口等。

（3）表面处理。表面处理包括玻璃制品光滑面与散光面的形成（如器皿玻璃的化学刻蚀、灯泡的毛蚀、玻璃化学抛光等）、表面着色和表面涂层（如镜子镀银、表面导电）等。

1）玻璃彩饰是利用彩色釉料对玻璃制品进行装饰。常见的彩饰方法有描绘、喷花和印花等。彩饰方法可单独采用，也可组合采用。描绘是按图案设计要求用笔将釉料涂绘在制品表面。喷花是将图案花样制成镂空型版紧贴在制品表面，用喷枪将釉料喷到制品上。印花是采用丝网印刷方式用釉料将花纹图案印在制品表面。所有玻璃制品彩饰后都需要进行彩烧才能使釉料牢固地熔附在玻璃表面，并使色釉平滑、光亮、鲜艳，且经久耐用。

2）玻璃刻蚀是利用氢氟酸的腐蚀作用，使玻璃获得不透明毛面的方法。先在玻璃表面涂覆石蜡、松节油等作为保护层并在其上刻绘图案，再用氢氟酸溶液腐蚀刻绘所露出的部分。刻蚀程度可通过调节酸液浓度和腐蚀时间来控制，刻蚀完毕除去保护层。刻蚀多用于玻璃仪器的刻度和标字，玻璃器皿和平板玻璃的装饰等。

英国设计师 Charlotte Hughes Martin 喜欢将自己的记忆雕刻在玻璃酒瓶上，如图 6-4 所示。在玻璃瓶上绘画雕刻，总是让她感到有趣和愉悦，远远超越在普通的纸张上绘图。同时，这种表达记忆的方式也远远比将照片装裱在金色的相框里来的深刻。

图 6-4 充满记忆的酒瓶（英国设计师 Charlotte Hughes Martin 设计）

图片出处：http://www.glass_trends.com/view/images/17.jpg

6.4 玻璃应用的可能性

玻璃是一种非常特别的材料，透明多半是对玻璃的第一印象。但事实证明，并不是所有的设计师都善于利用玻璃这一特性。大多数时候，透明被设计师处理得过于简单，从而使产品变得苍白。2009 年荣获红点奖的密码饮料杯（Cipher Drinking Glass）是一个绝妙利用玻璃透明特性的例子，如图 6-5 所示。它的可爱之处在于：当这个杯子中加入牛奶时，通过白色和透明的马赛克构图显示白色的 MILK；而加入橙汁时橙色和透明的马赛克构图显示橙色的 ORANGE，设计师使用经过设计的图案让这个杯子有了一定程度的认知功能。

图 6-5　密码饮料杯（Cipher Drinking Glass）（塞尔维亚设计师 Damjan Stankovic 设计）

图片出处：http://relogik.com/cipher

透明是玻璃最重要的特点，但也可以有绚丽多姿的色彩。美国设计师 Joe Cariati 利用威尼斯人的一种吹制技术设计的玻璃吹制花瓶（Glass Blown Vases）不但外形奇特挺拔，而且颜色更是悦目夺人，如图 6-6 所示。

图 6-6　玻璃吹制花瓶（Glass Blown Vases）（美国设计师 Joe Cariati 设计）

图片出处：http://www.contemporist.com/2009/12/08/joe_cariatis_glassblown_creations/

在现代设计早期，玻璃的使用仅局限在各种平板玻璃和吹制器皿上。玻璃冷加工技术的发展为玻璃平添了一丝活力。例如，1987年，意大利设计师 Cini Boeri 利用高压喷水切割和弯曲工艺设计制作的魔鬼椅（Ghost Chair）是一件具有代表性的作品，如图6-7所示。

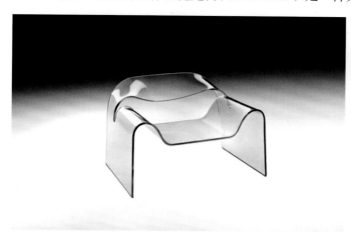 

图6-7 魔鬼椅（Ghost Chair）（意大利设计师 Cini Boeri 设计）

图片出处:（英）克里斯·莱夫特瑞.欧美工业设计5大材料顶尖创意 [M].上海：上海人民美术出版社，2012.

事实上，Cini Boeri 所在的意大利 Fiam 公司自20世纪80年代以来一直在玻璃家具方面进行着探索并且有很多知名的设计诞生。从较早的劳格诺（Ragno）到 Ghost Chair 再到后来的阿特拉斯（Atlas）、黛玛（Dama），Fiam 公司利用较为简单的工艺尝试了各种家具形式，如柜、桌、椅等，如图6-8～图6-10所示。

图6-8 劳格诺（Ragno）（意大利 Fiam 公司设计师 Vittorio Livi 设计）

图片出处: 2005年家具、建筑及室内装饰展览会讯 [J]. 家具与室内装饰，2005（9）.

图 6–9　阿特拉斯（Atlas）（意大利 Fiam 公司设计师 Danny Lane 设计）

图片出处：2005 年家具、建筑及室内装饰展览会讯 [J]. 家具与室内装饰，2005（9）.

图 6–10　黛玛（Dama）（意大利 Fiam 公司设计师 Makio Hasuike 设计）

图片出处：2005 年家具、建筑及室内装饰展览会讯 [J]. 家具与室内装饰，2005（9）.

　　Fiam 公司的设计探索主要集中在纯玻璃制品的弯曲、切割以及手工敲打等方面，由于在每一件设计中尽可能少地使用玻璃之外的材料，因此，Fiam 公司设计的家具具有独特的气质。

　　设计的多元化发展让传统的审美观明显受到排挤，产品的好坏很难停留在形式、功能这样的层面。目前较为前卫的观念是，对产品的评价大部分取决于它影响周围环境的能力。这很像时装，不同的场景需要不同的搭配，不同的搭配又促成了不同的场景。日本设计师 Tokujin Yoshioka 为 Kartell 品牌设计的概念店中，设计了一系列隐形家具（Invisible Furniture）（见图 6–11），在店面铺天盖地的"雪雾"中，这些家具若隐若现。

图 6–11　隐形家具（Invisible Furniture）（日本设计师 Tokujin Yoshioka 设计）

图片出处：陈旻 吉冈德仁，吉冈德仁 . 心灵捕手 [J]. 设计，2010（8）.

　　玻璃的应用和由此产生出来的产品真可谓无所不至，它可以和蛋壳一样易碎，也可以和钢铁一样坚硬。而现在就有一种织物，其中玻璃含量高达 54%（见图 6–12）。

图 6–12　玻璃服饰——黑标签系列（英国设计师尼尔 · 贝瑞特设计）

图片出处：（英）克里斯 · 莱夫特瑞 . 欧美工业设计 5 大材料顶尖创意［M］. 上海：上海人民美术出版社，2012.

　　制作椅子似乎是每个设计师的必修课，即便如此，设计史上的玻璃椅子也是屈指可数。诞生在 1976 年的玻璃椅子（Glass Chair）是玻璃在家具中使用较早的例子，但是因为当时技术的局限，这款椅子通过简单的黏接工艺并不能给人带来十分稳重的安全感，如图 6–13 所示。

图 6–13　玻璃椅子（Glass Chair）（日本设计师 Shiro Kuramata 设计）

图片出处：陈慧中 . 体验设计的力量 "SHIRO KURAMATA and ETTORE SOTTSASS"展览 [J]. 现代装饰，2011（6）.

　　Aruliden 设计工作室带来了一款别具诗情画意的水墨山水鱼缸，如图 6–14 所示。设计师运用玻璃可以任意塑形的特性，将鱼缸本来水平的底部制成山峰的形状，营造一种山脉凸起的视觉效果。在充满水之后，光线的折射会带给人一种水墨山水画的意境。水中的金鱼，也营造了一种动静结合的效果图。

图 6–14　水墨山水鱼缸（美国 Aruliden 设计工作室设计）

图片出处：今日中学生杂志编辑部 . 创意生活 [J]. 今日中学生，2011（29）.

思　考　题

1. 玻璃有哪些属性？

2. 玻璃有哪些成型工艺？

3. 请用一种玻璃制品来分析其成型工艺。

第七章 竹

7.1 竹 子 的 使 用

据考古资料显示，人类开始定居生活后，便开始从事简单的农业和畜牧业生产，所获得的米粟和猎取的食物稍有剩余，为了不时之需，就得把食物及饮水存放起来。这时候便就地取材，使用各种石斧、石刀等工具砍来植物的枝条藤蔓编成篮、筐等器皿。在长期的使用实践中发现，竹子干脆利落、开裂性强，富有弹性和韧性，而且能编易织、坚固耐用，于是，竹子便成了当时器皿编制的主要材料。

如图 7–1 所示，簋是古代祭祀和宴飨时盛放黍、稷、粱、稻等谷物的器具，在最早的时候是以竹子为材料制作的。

中国的陶器也始于新石器时代，它的形成与竹器的编制密切相关。先人在无意中发现涂有黏土的容器在经火烧过后不易透水，可以盛放液体，于是以竹藤编制的篮筐作为模型，再在篮筐里外涂上泥层，制成竹藤胎（见图 7–2）的陶坯，在火上烘烤制成器具。

图 7–1 簋

图 7–2 竹藤胎

后来人们直接用黏土制成各种成型的坯胎，就不再使用竹藤编织坯胎，但由于对竹藤几何图形纹样十分喜爱，因此经常在陶坯半干状态时在其表面拍印上模仿篮、筐、席等编织物的纹样作为装饰，如图 7-3 所示。

图 7-3　编织物纹样装饰

图片出处：http：//www.beihai365.com/viewthread.php? tid=456011

在殷商时期，竹藤的编织纹样丰富起来，在陶器的印纹上出现了方格纹、米字纹、回纹、波纹等纹饰。到了春秋战国时期，竹子的利用率得到扩大，竹子的编织逐步向工艺方面发展，竹编图案的装饰意味也越来越浓，编织也日见精细。

竹简在中国历史上是个很重要的发明，把竹子削制成狭长的竹片，每片写字一行，将一篇文章的所有竹片串联起来，称为简牍，如图 7-4 所示。

图 7-4　简牍

图片出处：http：//www.yiyuanyi.org/guoxue/201005/47065_2.html

简牍是我国战国至魏晋时期主要的书写和记事工具，也是我国最早的书籍形式。早期的文字刻在甲骨和钟鼎上，由于其材料的局限，难以广泛传播，因此直至殷商时期掌握文字的仍只有上层社会的百余人，这极大地限制了文化和思想的传播。竹简出现以后，写字的成本大大降低，竹文化也开始走向繁荣。竹简是在纸被发明前最主要的书写载体，是我们的祖先经过反复的比较和艰难的选择之后，确定的文化保存和传播媒介，这在传播媒介史上是一次重要的革命。它第一次把文字从社会最上层的小圈子里解放出来，以浩大的声势向更宽广的社会大步前进。所以，竹简对中国文化的传播起到了至关重要的作用，也正是它的出现，才得以形成百家争鸣的文化盛况，同时也使远古思想和文化流传至今。

战国时期的楚国编织技艺已经十分发达，出土的有竹席、竹帘、竹笥（即竹箱）、竹扇、竹篮、竹篓（见图7-5）、竹筐等近百余件。

图 7-5　竹篓

图片出处：Lark.500 Baskets: A Celebration of the Basket maker′s Art.Lark Books，2006.

秦汉时期的竹编沿袭了楚国的编织技艺。1980年，我国考古工作者在西安发掘出土的秦陵铜马车底部铸有方格纹，据专家分析，这些方格纹就是根据当时竹编席子编织的方格纹翻铸的。此外，能工巧匠们也可以用竹编制成小孩的玩具。灯节活动自唐代以来就在民间流传，至宋代已经十分流行，一些达官显贵往往会请制灯艺人创制精致的花灯，其中一种就是以竹篾扎骨，在外围糊上丝绸或彩纸，有的还用竹丝编织作为装饰，如图7-6所示。

图 7-6　花灯

图片出处：何小佑.中国传统器具设计研究（卷二）.南京：江苏美术出版社，2007.

龙灯起源于汉代，到宋代更为盛行，龙头、龙身大多以竹篾作内骨编制而成，龙身上的鳞片也往往用竹丝扎结，如图7-7所示。

图7-7 龙灯

图片出处：http：//www.sdmuseum.com/show.aspx？id=1387&cid=78

还有一种叫竹马戏的民间小戏，自隋唐时期起流传至今，戏的演出与马相关，如《昭君出塞》等，演员骑的马用竹子做成。明代初期，江南一带从事竹编的艺人不断增加，游街串巷上门加工，竹席、竹篮、竹箱都是相当讲究的工艺竹编。明代中期，竹编的用途进一步扩大，编织越来越精巧，还和漆器等工艺结合起来，创制了不少上档次的竹编器皿，如珍藏书画的画盒、盛放首饰的小圆盒、安置食品的描金大圆盒等。最早的竹器，目前能够看到比较成形的带有雕工的是长沙马王堆出土的竹勺，如图7-8所示，勺柄上带有很精细的雕工。

图7-8 马王堆出土的彩绘漆竹勺

图片出处：http：//bbs.wenbo.cc/viewthread.php？tid=52594&page=1

竹雕艺术在唐宋史籍中都有很明确的记载，但能够看到的出土实物并不多。明代中期以后，竹雕艺术迅速崛起。已知的明代竹刻大家，都不仅限于竹雕，包括犀牛角、象牙和紫檀等材料也能雕刻，但为什么都称他们为竹雕大家呢？因为中国文人赋予竹子很高尚的品格，例如，图案中常见竹梅双喜、岁寒三友松竹梅、四君子梅兰竹菊，反映出国人对竹子品格的喜爱，这种品格第一是清高，第二是坚韧。历史上的竹刻，大家首推晚明朱氏祖孙三代。朱氏祖孙是嘉定人，创立了竹刻的嘉定派。第一是朱鹤（朱松邻），著名作品是竹雕松鹤笔筒，如图 7-9 所示，现藏南京博物馆。

朱鹤的儿子朱缨（朱小松），作品有竹雕人物香筒，如图 7-10 所示，现藏上海博物馆；朱鹤的孙子朱稚征（朱三松），他的竹雕残荷洗现藏北京故宫博物馆。同时朱三松的存世作品也是最多的。

图 7-9　朱鹤竹雕松鹤笔筒

图片出处：http：//www.ccnh.cn/bwg/zgzb/2501281085.htm

图 7-10　朱缨竹雕人物香筒

图片出处：http://www.baozang.com/news/n18180

如图 7-11 所示的竹雕和合二仙就是朱三松的代表作品之一：竹根圆雕二僧，乘于莲瓣舟上。一僧坐船头，手捧蒲扇，一僧踞船尾，以帚为桨。二僧满面笑容，憨态可掬。莲舟外侧刻"三松"二字款。依人物之装束、神态，可推知二僧乃唐贞观年间台州奇僧寒山、拾得二人。据《宋高僧传》所载，二僧状若颠狂。寒山常"布襦零落"，"以桦皮为冠，曳大木屐"，动辄"呼唤凌人"、"望空漫骂"；拾得曾以杖击伽蓝神像，有"呵佛骂祖"之风。民间造型艺术中，寒山常手捧一盒，拾得持一荷，以谐"和"、"合"二字音，寓同心和睦之意。清雍正十一年（1733 年），朝廷赐封寒山为"和圣"，拾得为"合圣"，以示官府对民间信仰的认可。这件竹雕作品，作者寥寥数刀似不甚经意，但二仙不同凡俗之处却跃然于观者眼前，确非高手所不能为也。

图 7-11　竹雕和合二仙

图片出处：http：//bbs.hl365.net/thread-327862-1-1.html

竹雕一般可以分成两类：一类是竹节雕，一类是竹根雕。对竹子有所了解的人都知道，竹根的壁非常厚，所以可供发挥的余地也多。但竹根雕不太强调竹子的特性，不强调竹子的表现；竹节雕则要强调竹子的特性，强调竹子的表现，这种表现体现在竹子的节上。竹根雕里的典型作品有雕白菜、人物、动物；竹节雕里最典型的作品就是笔筒，我们看到的大量竹笔筒都是利用竹节雕刻的，如图7-12所示。

竹器工艺还有很多种形式，例如，专门有一类仿青铜器，如图7-13所示。

图7-12 竹节雕笔筒

图片出处：http://www.zh5000.com/ZHJD/ctwh/2007-08-24/1616034485.html

图7-13 仿青铜竹根雕

图片出处：http://tag.cangdian.com/html/1088/Tag_1088_pm_p8.html

另外，还有翻簧，又叫竹簧、贴簧，有的地方还叫文竹，就是把竹子里面那一层竹簧剥下来，反过来贴在木胎、竹片外面，再在上面雕刻，如图7-14所示。

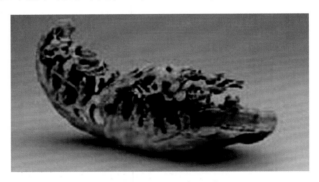

图7-14 竹根雕仙人舟

图片出处：http://www.capitalmuseum.org.cn/other/content/2008-07/09/content_22570.htm

竹材自古以来是我国人们生产、生活和文化领域的重要资源。竹子取材方便，易于加工，应用广泛，它是建筑材料、造纸材料、农业用品、家庭生活用品、体育文化用品和工艺制品等的优质材料。

竹子很早就是建筑用材。据资料记载，我国以竹建房已有2000多年的历史。竹子在现代建筑方面的用途更加广泛，例如，家庭装饰材料中的竹地板；竹材之乡的老百姓仍然用竹材建造住房；园林里用竹材建成楼台亭阁等休闲场所，使园林更加古朴，具有原生态的情调，如图7-15所示。

图7-15　竹楼

竹子在我国南方农村极大地方便了广大农民，成为农业用具、渔业用具的最好材料。农民自己伐竹编制用具，简易适用，经济实惠。例如，农村常用的箩筐、晒垫、瓜草棚架，过河渡客和水上运输的竹筏，晒鱼、晒棉花、晒烟叶等用途的棚垫等，很多都是用竹子制作的。

竹制品在家庭生活用品中到处可见，如竹筷、竹篮、竹凉席、竹桌、竹凳、竹衍、竹篓、竹床、竹柜、竹箱等，连扫地扫把也离不开竹子。竹制生活用品如图7-16所示。

图7-16　竹制生活用品

华夏竹文化上下几千年，在中华文化中有着源远流长的历史，渗透到中华民族物质生活和精神生活的方方面面。竹子又是文艺用品和工艺品的常用材料。早在1700多年前，已用嫩竹造纸，结束"竹简"文书的时代，这在我国文化艺术史上具有独特的地位。竹子形态挺秀、神韵潇洒、风雅宜人，具有"一半绿花一半玉"的丽质。从远古到现代，画家们以竹为题画出绚丽多姿的竹景竹意，含义隽永；作家与诗人以竹为题咏竹：刚直端庄、高风劲节、骨气挺坚、人品无瑕、屹立傲然的情操。民间艺人用竹材雕刻成琳琅满目、栩栩如生的各种工艺品深受人们喜爱，远销国外。用竹子制成的民乐器，如笛、箫、芦笙、京胡、双簧管、葫芦丝等，不仅丰富了民间文化生活，而且使我国竹文化艺术更加灿烂辉煌。竹制乐器如图 7-17 所示。

图 7-17　竹制乐器

图片出处：张小开. 多重设计范式下竹类产品系统的
设计规律研究 [D]. 江南大学，2009.

7.2　竹　的　属　性

竹子是常绿多年生植物，其形态十分特别，一般中空外直有节，是种坚强的植物。竹子是一次开花植物，竹子开花是一种正常的自然现象，《山海经》有"竹生花，其年便枯"的记载。不过，竹子主要是进行无性繁殖的，每年春季从地下的竹鞭上长出笋来，然后发育成新竹，竹鞭不是它的根，而是地下茎。

竹子种类繁多，据现代资料记载，全世界有竹类 70 余属 1200 多种；我国竹子有 39属 500 多种。竹子的种类见表 7-1。

表 7-1　　　　　　　　　　　　　　**竹子的种类（根据生长特点分类）**

丛生型	母竹基部的芽繁殖新竹	慈竹、硬头黄、麻竹、单竹等
散生型	鞭根上的芽繁殖新竹	毛竹、斑竹、水竹、紫竹等
混生型	在基部、鞭根上皆可繁殖	苦竹、棕竹、箭竹、方竹等

竹材是位居木材之后的第二大森林资源，与木材相比，其生长周期较短。木材生长到成材大约需要 10 年的时间，而竹子只需 2～3 年。因此，竹材是一种绝佳的代木材料而被广泛研究和应用。

竹材的基本性能如下：

（1）含水率。竹材的纤维和管束中含有能溶于热水、酒精的戊糖、果胶和淀粉等物质，故有较强的吸湿性和保水性。

（2）干缩率。竹材的干缩率低于木材，弦向干缩率最大，径向次之，纵向最小；干燥时失水快而不均匀，容易翘曲和开裂。

（3）强度和弹性。竹材的力学强度随含水率的增高而降低，但当竹材处于绝干条件下时，因质地变脆强度反而下降。竹竿上部比下部的力学强度大，竹壁外侧比内侧的力学强度大。毛竹节部的抗拉强度比节间的低 1/4，而其他的力学性质均比节间高，原因是节部维管束分布弯曲不齐，受拉时易被破坏。竹材的力学强度一般随竹龄的增长而提高，但当竹竿老化变脆时，强度反而下降。立地条件越好，竹材力学强度越低；小径材比大径材的力学强度高；有节整竹比无节竹段的抗压强度和抗拉强度都要高；整竹劈开后的弯曲承载能力比整竹要低。气干试样的压缩强度、抗拉强度、弹性模量和破裂模量要比新鲜试样高得多，竹壁外侧的破裂模量较高，而弹性模量没有改变。竹材的顺纹抗拉强度较高，平均约为木材的 2 倍，单位质量的抗拉强度为钢材的 3～4 倍，顺纹抗剪强度低于木材。强度从竹竿基部向上逐渐提高，并因竹种、年龄和立地条件而异。

（4）耐久性。竹材在较高温度和湿度环境中容易发霉、变色和腐朽，从而导致其强度大大降低，耐久性比不上木材，一般情况下，用于木材的防腐处理也适用于竹材。

（5）受热可弯曲定型。在高温条件下，竹子会溢出竹液，质地变软，在外力作用下能弯曲成各种弧形，急剧降温后，又可使弯度定形。这一特殊性质给竹编的制作带来了极大的便利，如图 7–18 所示。

图 7–18　竹编制品

图片出处：Lark.500 Baskets: A Celebration of the Basket maker's Art.Lark Books，2006.

7.3 竹 艺

7.3.1 竹编

7.3.1.1 竹编常用选材

（1）毛竹，又名楠竹、孟宗竹、猫头竹。毛竹是我国竹类植物中分布最广、材质最好、用途最多的优良竹种。该品种竹竿粗大端直，竹壁较厚，节间为圆筒形，分枝节间的一侧有沟槽，并有一纵行中脊，如图 7-19 所示。

图 7-19　毛竹

图片出处：http：//yuanlin.chla.com.cn/show.aspx？ id=16490&cid=39&a

毛竹材质坚硬强韧，不易开裂，纹理平直，劈篾性能良好，在工艺竹编中用途最广，可以编织制作各种用途的竹制品。一般选择竹枝高、竹节平、竹体薄的毛竹为竹编的劈篾材料，如产品所需的宽篾片（家禽、飞禽的硬羽，花瓶和果罐的插筋）部取料于毛竹。毛竹的竹壁厚，常用于竹编产品的骨架，一般的夹口、提柄、摆脚、底盘也都取料于毛竹，精细的竹编产品还常在这些部位雕刻各种图案花纹，以增强装饰作用。

（2）早竹，又名淡竹、瓷竹、甘竹。该品种竹竿挺拔端正，躯干修长，竹壁较薄，节间为圆筒形，分枝节间的一侧有沟槽，并有一纵行中脊。早竹纹理直顺，竹材坚韧，拉力强，劈篾性能良好，可劈成较细的竹丝，易染色，也易漂白；但竹节较脆，容易开裂，常用于普及型产品和中档产品的编制，如图 7-20 所示。

（3）水竹，又名烟竹。该品种竹竿端直，分枝较高，各节枝较少，出笋量大，竹壁厚度适中，节间为圆筒形。水竹纤维细，质地既柔软又结实，纹路紧密，竹节较平，劈篾性能比早竹好，可劈较为精细的篾丝，篾色也比早竹纯净，是编织的好材料，常用于图案花纹的编织，如图 7-21 所示。

图 7-20　早竹

图 7-21　水竹

（4）青篾竹，又叫茶杆竹、沙白竹。青篾竹平直光滑，竹身匀称，质地坚韧，富有弹性，劈篾性能良好，纹理平直，能制作极薄的筋、极细的丝，精细的篾丝在 3cm 长度内可以排列 130 根，是编织精细产品的极好材料，但其篾色的纯净度次于水竹，如图 7-22 所示。

图 7-22　青篾竹

（5）慈竹和青皮竹。慈竹又名甜慈竹，竹竿直立，顶梢作弧形下垂，节间为圆筒形，竹壁薄，质地坚韧，是良好的劈篾材料，如图 7-23 所示。

青皮竹生长快、产量高，是我国南方最常用的劈篾材料之一，如图 7-24 所示。

图 7-23　慈竹

图片出处: http://www.bonsai-net.com/index.php？m=cu&c=know&artId=188

图 7-24　青皮竹

图片出处: http://jpkc.sysu.edu.cn/zhiwuxue/web2004/source/bys/he/he008.htm

7.3.1.2 竹编工艺

（1）制作竹丝篾片。把选好的竹料加工成各种规格的材料，称为取料。在取料前，要根据目标产品的形态进行估料，其目的是量才而用、物尽其用，避免大材小用，这个原则和木材的配料是相同的。竹丝篾片制作流程见表 7-2。

表 7-2　　　　　　　　　　　　　　　竹丝篾片制作流程

程　序	目　的	使用工具
①锯竹	分段截取竹料	手锯或框锯
②卷节	去除竹节的凸起部分	篾刀
③剖竹	把卷节后的竹管一劈为二	篾刀、开铜刀、竹凿
④开间	将半圆形断面开间为偶数个篾片宽度	篾刀
⑤劈篾	弦向劈开开间后的竹条	篾刀
⑥劈丝	将篾片纵向劈成竹丝	剑门、小刀
⑦抽篾	将篾片的薄厚宽窄规格化处理一致	剑门夹
⑧抽丝	对篾丝进行规格化处理	剑门夹
⑨刮篾	使篾片薄厚一致、光洁均匀	刮刀
⑩刮丝	使篾丝粗细匀净用于最后编织	刮刀

（2）编织。竹丝篾条制作好以后就可以进行编织了，竹编艺人运用多种规格的篾丝、篾片，多样的编织技法使竹编工艺品成型。

竹编在用料上可分为篾丝编织和篾片编织两大类。篾丝编织主要用于篮类、瓶类、罐类及模拟动物的外层等，如图 7-25 所示。

篾片编织则大多用在箱类、钵类、盘类、包类的外层和内层，在有些编织产品中应用了篾丝和篾片的交叉编织，如图 7-26 所示。

图 7-25　篾丝编织

图片出处：Lark. 500 Baskets: A Celebration of
the Basket maker's Art. Lark Books，2006.

图 7-26　篾片编织

图片出处：Lark.500 Baskets: A Celebration of the
Basket maker's Art . Lark Books，2006.

　　从编织形式上讲，竹编又可分为立体编织和平面编织两大类。立体编织的编织对象是三维立体的产品，如篮类、盘类、罐类、瓶类以及模型动物、人物等，如图 7-27 所示。

　　平面编织的编织对象是一个面，如席类、帘类、扇类及建筑中的墙面装饰编织等，如图 7-28 所示。

图 7-27　立体编织

图片出处：Lark. 500 Baskets: A Celebration of the Basket
maker's Art. Lark Books，2006.

图 7-28　平面竹编

图片出处：http ://www.
chinabambooculture.com/html/2185.html

　　在方法上，竹编还可以分为密编和疏编两种类型。密编的编篾之间相扣较紧，不留空隙；疏编则疏朗行致，篾片和篾片之间的空隙组列成一个个有规则的几何形图纹。各种风格不一、变化多样的编织技法使竹编工艺千姿百态，当然万变不离其宗，竹编的编织技法基本都是以挑一压一的编织方式引申发展起来的。常用的编织技法主要有十字编、人字编、六角编、螺旋编、圆面编、绞丝编等。

（3）表面处理。一件工艺竹编品艺术水平的高低，其外观的色彩和光泽起着十分重要的作用。竹编品的外观色彩可以分为两种类型：一种是竹编品直接由不经过染色处理的竹丝篾片编制，这充分利用了竹材篾青、篾黄的固有色，突出竹子天然的材质美感，如图7-29所示。

图7-29　自然色竹篮

图片出处：Lark. 500 Baskets: A Celebration of the Basket maker's Art.
Lark Books，2006.

另一种是对竹丝篾片（或是竹编半成品）进行染色处理以丰富竹编品的色彩，绝大部分竹编工艺品都经过染色处理。竹编品的光泽是通过油漆工艺来达到的，经过油漆处理的竹编工艺品不仅能延长寿命，而且还能增加色泽亮度，使产品更为美观诱人，如图7-30所示。

图7-30　上漆竹篮

图片出处：Lark. 500 Baskets: A Celebration of the Basket maker's Art.
Lark Books，2006.

竹编品的表面处理工艺主要有染色和油漆两种。染色和竹材的构造有很大的关系，一般竹青部位的表面光滑，组织紧密、质地坚硬，颜色的渗透力弱，着色能力也差，但油漆后的光亮度很好。随着竹材从竹青层向竹黄层过渡，竹材组织逐渐疏松，质地逐渐脆弱，颜色的渗透力增强，着色能力也逐渐增强。因此，在竹编品的染色过程中，竹层的层次不同色彩也存在差异，如果要保证通体一致的颜色，必须适当调整染液的浓度，最后取得匀称的染色效果。

1）染色前期处理。竹编品在编织的过程中，往往留下很多标记和疵点，它们不但影响产品表面的整洁和美观，而且对后来的染色和油漆造成很大麻烦，因此在上色前要对编织好的竹器毛坯修刮和砂磨。修刮的工具主要是平板玻璃，利用刃部修刮竹器表面。砂磨的主要工具是木砂纸，要选择适当规格的砂纸，顺着竹的纹理方向打磨，使编织面平整光洁。

另外，竹编品在编织过程中经常会出现一些裂痕和缺陷，这些缺陷是修刮和砂磨挽救不了的，只能用填充物进行嵌补，常用的填充物是油性腻子，有时为了保证竹编品呈现的完整性，要配合使用与竹编品同色的有色腻子。

2）染色。竹编品的染色工艺有很多，常用的主要有热染法和冷染法两种。热染法是将染料放入沸水中搅拌，待完全溶解后，将竹编品置入染液中浸染1～2min，取出后自然冷却，再用清水冷漂，最后晾干。热染法的特点是着色能力强，色彩鲜艳，适合篾丝、弹篾和筋篾等编织品的染色。冷染法是将染料先在热水中充分溶解，待冷却后用油刷、画笔一类工具涂刷于竹编品的表面，它可以使竹编品整体着色或局部着色，也可浸染涂刷。冷染不会让竹编品变形，在同一件产品中可染多种颜色。

3）油漆。竹编艺人在长期的实践中，早就使用油脂类油漆（如熟桐油）来涂刷竹编品，后来又发展到使用天然大漆涂刷，人们统称其为油漆。

应用在竹编品中的油漆主要有醇酸类油漆、硝基清漆和虫胶漆等。醇酸类油漆主要有清漆和色漆两大类：清漆是打底用的，用于面层罩光；色漆稳定性好，遮盖能力强，能覆盖竹编品表面的斑点、瑕疵等。硝基清漆是一种黏厚透明的液体，适用于高级竹编品的面层罩光。虫胶漆在竹编品中起到染色、隔层和出光三个作用。虫胶漆中的乙醇迅速蒸发促使漆膜干燥染色；而且不溶于水、石油、苯类、酯类等溶剂，可用作腻子隔层、染色隔层和各类油漆涂刷之间的隔层；经过多层涂刷，涂膜层达到一定厚度之后，会出现丰满的面光洁效果。

7.3.2 竹胶合板和竹纤维

7.3.2.1 竹胶合板

竹胶合板是利用竹材加工余料——竹黄篾，经过中黄起篾、内黄帘吊、经纬纺织、席穴交错、高温高压（130℃，3～4MPa）、热固胶合等工艺层压而成，如图7-31所示。

图 7–31　竹胶合板

图片出处：张小开.多重设计范式下竹类产品系统的设计规律研究 [D].江南大学，2009.

（1）竹胶合板特点。

1）竹胶合板模板强度高、韧性好，板的静曲强度相当于木材强度的 8～10 倍，为木胶合板强度的 4～5 倍，采用竹胶合板模板可减少支撑的使用数量。

2）竹胶合板模板幅面宽、拼缝少，板材基本尺寸为 2.44m×1.22m，相当于 6.6 块 1.5m×0.3m 钢模板的面积，支模、拆模速度快。

3）竹胶合板模板板面平整光滑，贴膜竹胶合板模板表面对混凝土的吸附力仅为钢模板的 1/8，因而容易脱模，混凝土表面平整光滑，可取消抹灰作业，缩短装修作业的工期。

4）竹胶合板模板耐水性好，水煮 3h 不开胶，经水煮、冰冻后仍能保持较高的强度。竹胶合板模板的表面吸水率接近钢模板，用竹胶合板模板浇捣混凝土能显著提高混凝土表面的保水性，在混凝土养护过程中，遇水不变形，便于维护保养。

5）竹胶合板模板防腐、防虫蛀。

6）竹胶合板模板热导率为 0.14～0.16W/（m·K)，远小于钢模板的热导率，有利于冬季施工保温。

7）竹胶合板模板使用周转次数高，经济效益明显，可双面使用，无边框竹胶合板模板使用次数可达 20～25 次。

（2）竹胶合板产品及工艺。竹胶合板的主要工艺程序：竹帘机械编织→竹帘干燥→竹帘涂胶→组坯→热压→锯边→砂光→分等检验→包装入库。目前提供的竹帘、竹编胶合板技术与设备已很成熟，从竹材板生产线上的设备构成来看，并不复杂,投资也不大。竹帘胶合板生产线主要设备包括竹帘编织机、竹帘干燥机、竹帘胶合板热压机、竹帘胶合板装卸板机、垫板回送机、纵横锯边机、砂光机等。

7.3.2.2 竹纤维

竹纤维就是从自然生长的竹子中提取出的一种纤维素纤维，是继棉、麻、毛、丝之后的第五大天然纤维。

（1）竹纤维的基本特性。

1）抗菌性。竹纤维中含有"竹琨"抗菌物质，对贴身衣物有防臭除异味之功效。

2）保健性。竹纤维中的抗氧化物能有效清除体内的自由基，竹纤维中含有多种人体必需的氨基酸。

3）抗紫外线。竹纤维的紫外线穿透率为6/10 000，抗紫外线能力是棉的41.7倍，竹纤维不带任何自由电荷，抗静电，止瘙痒。

4）吸湿排湿性。在所有的纤维中，竹纤维的吸湿性及透气性是最好的，被誉为"会呼吸的纤维"，竹纤维毛巾久用擦汗不留异味。

5）舒适性。竹纤维冬暖夏凉，又能排除体内多余的热气和水分。

6）美观性。竹纤维具有天然朴实的高雅质感。

7）环保性。竹纤维是真正的环保绿色产品，无任何化学成分，无污染，竹纤维100%可生物降解。

（2）竹纤维产品及工艺。目前，竹纤维产品主要应用于纺织行业，按照加工方法的不同，可分为竹原纤维、竹浆纤维和竹炭纤维。竹原纤维又称天然竹纤维、原生竹纤维，有的学者认为天然竹纤维属于麻类，称为竹麻纤维，较多的报道中称竹纤维，这与竹浆纤维容易混淆。竹原纤维是将天然的竹材，通过机械、物理方法和生物技术去除竹子中的木质素、多戊糖、竹粉、果胶等杂质，从竹材中直接分离出来的纤维。竹浆纤维又称再生竹纤维、竹黏纤维、竹浆黏胶纤维、竹材黏胶纤维、竹素纤维，它是以速生竹材为原料，经过人工催化、提纯，采用水解碱法及多段漂白等多道化学与物理技术制成竹浆粕，再经黏胶纺丝工艺（或其他工艺路线）加工成纤维。竹炭纤维是化纤或合成纤维在纺丝过程中加入竹炭粉末乳浆或竹炭母粒制成的纤维。竹炭纤维也是一种功能性纤维，目前产品有竹炭黏胶纤维、竹炭聚酯纤维、竹炭丙纶、竹炭涂层织物等。竹纤维毛巾如图7-32所示。

图7-32　竹纤维毛巾

图片出处：http：//shanglaiya.com/product/index.asp？ordertype=0&classid=25&page=4

7.4 竹应用的可能性

竹材最大的特点就是有着非常特别的结构，管状"身体"并有节，回顾人类发展的历史可以看出，古人在用竹造物的过程中很好地利用了竹子的这种结构，这也是手工生产条件下提炼出来的一种对竹子自然特性的原始认识。在中国五千年的历史中，我们发现了大量的竹刻竹雕、竹编、竹具，构成了丰富多样的中华竹文化。古人在落后的生产条件下最大化地认识和利用竹子的特点来加工生产人类需要的东西，这些东西主要分为生活必需品和工艺品两类。

如图 7–33 所示为日本 Teori 设计团队设计的竹制生活用品。Teori 是日本的一个设计团队，专注于竹子在家居设计中的应用。不同于我们见到的传统的中国竹编等工艺，他们的设计作品几何构造简约，充满现代感，竹子的纹理本色与亮丽的色彩映衬，视觉效果轻盈美丽。

图 7–33　竹制生活用品（日本 Teori 设计团队设计）

图片出处：http://home.focus.cn/news/2008-08-26/113166_2.html

在竹材使用过程中，能看到竹线材的平铺在很大程度上是依赖"孔洞性"的。用线材去铺面，在可能的情况下，能留多大的孔洞就会留多大的孔洞。因为从数理角度来看，以线铺面是一个无限的过程，在产品设计中，铺面的目的并不是铺面，而是实现一定的功能。而从这一功能实现过程，往往能发现"孔洞"的特殊美感。这种美感主要体现在竹线材的围合中。当然在现实的产品中，有很多情况不需要是实体的围合，甚至在特定的情况下，产品需要这种"孔洞"性来保证产品的功能得以实现。例如，最为典型的就是在现代室内环境中光影的制作与变化，就特别需要这种"孔洞"性，以保证适合的围合与光影的变化，如图 7–34 所示。

图 7-34 竹 "孔洞" 的创造美

图片出处：张小开 . 多重设计范式下竹类产品系统的设计规律研究 [D]. 江南大学，2009.

此外，由于竹材天然的可塑性特别强，在以此为特点进行造型设计的时候，往往能超出其他材料所体现的效果。

图 7-35 所示为德国工业设计师 Konstantin Grcic（康斯坦丁·格里克）和中国台湾设计师 Kao-Ming Chen 设计的 43 号椅，以处理空间运用和运动的新方式，利用竹材的柔韧性和可塑性，在解决椅子功能性的基础上，赋予产品以艺术的表现力，重新演绎了自然与艺术的二重性。

中国台湾设计师石大宇设计的椅琴剑也是将竹材功能与艺术结合的成功案例，如图 7-36 所示。椅琴剑的椅脚部分采用了回收竹条废料压合而成的实心竹料，既充分利用资源，又符合椅子结构强度的需求。椅面以竹条相间并排与下方支撑结构间的空隙，使竹条受力时呈现出如琴弦般的细微弹性。椅琴剑曾获得 2010 年德国红点设计大奖以及 2010 年香港 OFAAWard 亚洲最具影响力优秀设计奖。

如图 7-37 所示的竹雕梅花杯是利用一节竹节雕制而成，斜敞口，腹壁下收，腹部表面以浮雕、透雕手法装饰梅树一枝；树干虬曲蜿蜒，梅花点点或娇艳绽放，或含苞吐蕊，姿态各异、异彩纷呈。据史料记载，自汉代起于明清时期，文人盛笔的

图 7-35 43 号椅 [德国工业设计师 Konstantin Grcic(康斯坦丁·格里克) 和中国台湾设计师 Kao-Ming Chen 设计]

图片出处：http://www.bidt.org/artwork/300.html

工具多为细长的"笔套"。作为插笔之用的笔筒在明清两朝蔚然成风,其与竹刻技艺的发展密切相关。虽然笔筒兴起之后,各色材质纷至沓来,如木雕、牙雕、漆器、瓷器等,但竹雕笔筒一直独领风骚。这是因为竹雕笔筒与唐代以来盛行的竹制诗筒关系密切。

图 7-36 椅琴剑(中国台湾设计师石大宇设计)

图片出处:http://audiart.style.sina.com.cn/star_show.
php? id=22

图 7-37 竹雕梅花杯

图片出处:http : //pm.findart.com.cn/pmimg.
jsp? pmid=1663413

竹子和其他材料相比较,还有一个特点就是粗细非常匀称,所以是很好的搭建构架材料。我们可以在每个城市见到正在施工的建筑外墙表面用竹竿交错搭建的构架,这种构架应用在设计中作为竹制品的一种呈现方式是非常别致的,如图 7-38 所示。

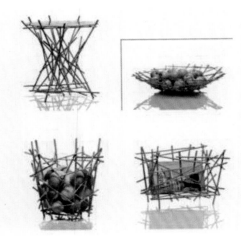

图 7-38 竹结构产品

(巴西设计师 Fernando and Humberto Campana 设计,Aless 生产)

图片出处:http : //www.dezeen.com/2010/03/05/blow-up-
%e2%80%93-bamboo-by-the-campana-brothers-for-alessi/

　　此外，竹子天然色彩优雅，它在情感体验价值方面的内涵使得竹材的使用拥有更多的可能性，这也是竹子能作为现代化设计的主要材料的原因之一。

　　竹材提高情感价值内涵主要指竹制品可以利用其自身特色，为人们创造新的体验。这种体验是建立在全新的为现代人考虑的一种体验，能融入现代生活中去。如图 7-39 所示，在日内瓦的日本电信公司展厅的 VIP 来宾休息场所，就是利用竹子独特的造型语言创造的一种体验。在这样的一种休息空间，用竹子营造的一种气氛可以说是独特的享受。一是在现代城市空间创造了一种自然的氛围；二是竹线材的自由造型使得这种空间更加自由、随意；三是代表了一种独特的东方文化。这种体验的创造是其他任何材料难以替代的，可以说是以恰当的物品提升了来宾的体验。

图 7-39　VIP 来宾休息场所（日内瓦日本电信公司展厅）

图片出处：张小开 . 多重设计范式下竹类产品系统的设计规律研究 [D]. 江南大学，2009.

思　考　题

1. 竹子的属性有哪些？
2. 分析一款竹制产品的加工工艺。

第8章 纸

8.1 纸的历史

　　纸作为中国的四大发明之一，是人们用以书写、印刷、绘画或包装等的片状纤维制品。纸不但有着丰富的种类和广泛的用途，还有着悠久的历史文化。早在西汉时期，我国已发明用麻类植物纤维造纸。最原始的造纸过程是：先取植物纤维比较柔韧的部分，煮沸捣烂，做成黏液，等混合均匀后漉筐、静置，使混合物结成薄膜，薄膜在空气中遇氧反应并使表面干燥一些，再用重物压在上面就成型了。如图 8-1 所示为最原始的西汉麻纸，有人称这种纸为"赫蹄"。

图 8-1　西汉麻纸

　　西汉是麻纸的萌芽阶段，但麻纸产量并不大，主要的书写绘画载体还是缣帛。蔡伦的贡献是组织并推广了高级麻纸的生产和精工细作，促进了造纸术发展。

　　蔡伦造纸术的原理如图 8-2 所示，用破布、破渔网、树皮、麻头等作为原料，其中加入带腐蚀性的石灰等物质，捣烂后做成纸浆，兑上水调稀，然后放在一个大木槽里，用细帘子去捞那些浮在上面较细的纸浆，等细帘子结了一层薄薄而又均匀的纸浆以后，把它晾干，揭下来就成了一张洁白细腻的纸。经蔡伦改进的造纸术终于造出了便于写字用的纸。

图8-2 蔡伦造纸术的原理

图片出处：http://redchina.tv/userfiles/image/20100208/28.jpg

　　皮纸用树皮纤维制成，其技术难度比麻纸更大，蔡伦的贡献就在于使皮纸产生并在东汉时期发展起来。麻纸和皮纸是汉代以来1200年间中国纸业的两大支柱，中国文化有赖于这两大纸种的供应而得以迅速发展。汉纸发明以后，在魏晋南北朝时期广泛流传，普遍为人们所使用，造纸术也提高得很快，当时的造纸原料已经非常多样化了，纸的种类名目也非常繁多，如竹帘纸、藤纸、鱼卵纸等。公元751年，唐朝和阿拉伯帝国发生冲突，阿拉伯人俘获几个中国造纸工匠。没过多久，造纸业便在撒马尔罕和巴格达兴起。就这样，造纸技术便逐渐在阿拉伯及世界各地传开。据史书记载，在蔡伦发明造纸术后的1000多年，欧洲才建立第一个造纸厂。虽然现代的造纸工业已很发达，但其基本原理仍跟蔡伦造纸的方法相同。造纸原料十分之七八已为木浆所代替，但造高级印刷纸、卷烟纸、宣纸和打字蜡纸等，仍不外乎是蔡伦造纸术所用的破布、树皮、麻头、破渔网等原料。

　　隋唐时期，著名的宣纸（见图8-3）诞生。在宣纸的主要产地安徽宣城有这么一个传说：蔡伦的徒弟孔丹，在皖南以造纸为业，他一直想制造一种特别理想的白纸，用来为师傅画像修谱。但经过许多次的试验都不能如愿以偿。一次，他在山里偶然看到有些檀树倒在山涧旁边，因年深日久，被水浸蚀得腐烂发白。后来他用这种树皮造纸，终于获得成功。由此可以断定利用树皮制造宣纸，在唐朝时候就比较盛行了。

　　唐代在前代染黄纸的基础上，又在纸上均匀涂蜡，经过研光，使纸具有光泽莹润、艳美的优点，人称硬黄纸（见图8-4）。还有一种硬白纸，把蜡涂在原纸的正反两面，

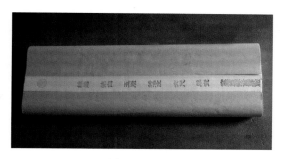

图8-3 宣纸

图片出处：http://www.65dg.com/uploads/allimg/111031/10495K631-0.jpg

再用卵石或弧形的石块碾压摩擦，使纸光亮、润滑、密实、纤维均匀细致，比硬黄纸稍厚。

图 8-4　米芾临摹的王羲之《行穰帖》硬黄纸本

图片出处：http://www.huaxiashuhua.com/btdg/song/mifu/xinxing/zh/xinxing.jpg

同时，由于雕版印刷术的发明，大大刺激了造纸业的发展，造纸区域进一步扩大，名纸迭出，如益州的黄白麻纸，杭州、婺州、衢州、越州的藤纸，均州的大模纸，蒲州的薄白纸，宣州的宣纸、硬黄纸，韶州的竹笺，临川的滑薄纸。唐代各地多以瑞香皮、栈香皮、楮皮、桑皮、藤皮、木芙蓉皮、青檀皮等韧皮纤维作为造纸原料，这种纸质柔韧而薄，纤维交错均匀。唐代出现通过添加矿物质粉和加蜡而成的粉蜡纸；在粉蜡纸和色纸基础上经加工出现金箔、银箔片或粉的光彩的纸品，称做金花纸、银花纸或金银花纸，又称冷金纸或洒金银纸；还有颜色和花纹极为考究的砑花纸。砑花纸是将纸逐幅在刻有字画的纹版上进行磨压，使纸面上隐起各种花纹，又称花帘纸或纹纸，当时四川产的砑花水纹纸鱼子笺，备受文人雅士的欢迎。另外，还出现了经过简单再加工的纸，比较著名的有五色笺（见图 8-5）、薛涛笺（唐代才女薛涛自造桃红色的小彩笺，用以写诗，后人仿制，称为"薛涛笺"）（见图 8-6）、谢公十色笺等染色纸、金粟山经纸，以及各种各样的印花纸、松花纸、杂色流沙纸、彩霞金粉龙纹纸等。

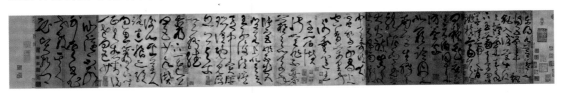

图 8-5　张旭草书（用五色笺书写）

图片出处：http://www.9610.com/zhangxu/zhangxu.jpg

五代制纸业仍继续向前发展，歙州制造的澄心堂纸（见图 8-7），直到北宋时期一直被公认为是最好的纸，此纸"滑如春水，细密如蚕茧，坚韧胜蜀笺，明快比剡楮"。这种纸长者可 50 尺为一幅，自首至尾匀薄如一。宋代继承了唐代和五代的造纸传统，出现了很多质地不同的纸张，纸质一般轻软、薄韧，上等纸全是江南制造，也称江东纸。纸的再利用开始于南宋时期，以废纸为原料再造新纸，人称还魂纸或熟还魂纸，具有省料、省时、快速生产的特点。

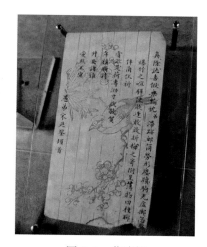

图 8-6　薛涛笺

图片出处：http：//www.oldbeijing.org/
UploadFile2011/2010-8/2010829115854
29872.jpg

　　元代造纸业凋零，只在江南还勉强保持昔日的景象。到了明代，造纸业才又兴旺发达起来，主要名品是宣纸、竹纸、宣德纸、松江潭笺等。清代宣纸制造工艺进一步改进，成为家喻户晓的名纸。各地造纸大都就地取材，使用各种原料，制造的纸张名目繁多。在纸的加工技术方面，如施胶、加矾、染色、涂蜡、砑光、洒金、印花等工艺，都有进一步的发展和创新。各种笺纸再次盛行起来，在质地上推崇白纸地和淡雅的色纸地，色以鲜明静穆为主。康熙、乾隆时期的粉蜡笺（见图 8-8），如描金银图案粉蜡笺、描金云龙考蜡笺、五彩描绘砑光蜡笺、印花图绘染色花笺，三色纸上采用粉彩加蜡砑光，再用泥金或泥银画出各种图案。笺纸的制作在清代已达到精美绝伦的程度。

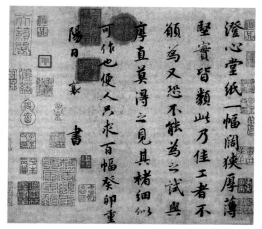

图 8-7　蔡襄《澄心堂纸帖》（用澄心堂纸书写）

图片出处：http：//9610.com/caixiang/chi6.jpg

图 8-8　清乾隆五色粉蜡笺

图片出处：http：//www.dashuhua.com/bigimg/
0e/0e16f4e9cbee45be954c364a237091ac.jpg

　　石头纸技术是以地壳内最为丰富的矿产资源碳酸钙为主要原料，以高分子材料及多种无机物为辅助原料，利用高分子界面化学原理和填充改性技术，经特殊工艺加工而成的一种可逆性循环利用、具有现代技术特点的新型造纸技术。石头纸技术是国内领先世界先进的新技术。该技术既解决了传统造纸污染给环境带来的危害问题，又解决了大量塑料包装物的使用造成的白色污染及大量石油资源浪费的问题。其生产过程是：提取石灰石中的碳酸钙，然后将矿石磨成高钙 1500～2500 目的超细粉，随后进行第二道工序，将 85%

的改性碳酸钙添加上 15% 的添加剂制成母粒，最后通过挤压吹膜设备制成纸或袋。石头纸技术在整个生产过程中无需用水，不需要添加强酸、强碱、漂白粉及众多有机氯化物，比传统造纸工艺省去了蒸煮、洗涤、漂白等几个重要的污染环节，杜绝了造纸过程中因产生"三废"而造成的污染问题。同时由于以价格低廉的矿石粉为主要原材料，成本比传统纸张低 20%～30%，价格也低 10%～20%。

石头纸产品应用领域极其广泛，可应用于一次性生活消耗用品，如垃圾袋、购物袋、食品袋、密实袋、餐盒、手脚套、台布、雨衣、防尘罩等；应用于文化用纸，如印刷纸、书写纸、广告装潢纸、道林纸、涂布纸、膜造纸、图画纸、招贴纸、打字纸、邮封纸、香烟纸、格拉辛纸、新闻纸等；应用于建材装饰，如装饰壁纸等；还可应用于工业包装等领域，如化肥袋、水泥袋、米面袋、服装袋、各种手提袋、纸盒纸箱等。

8.2 纸 的 属 性

8.2.1 纸的分类

根据不同的标准，纸可以分为不同品种。

（1）按生产方式可分为手工纸和机制纸。手工纸以手工操作为主，利用帘网框架、人工逐张捞制而成；质地松软，吸水力强，适合于水墨书写、绘画和印刷用，如中国的宣纸；其产量在现代纸的总产量中所占的比重很小。机制纸是指以机械化方式生产的纸张的总称，如印刷纸、包装纸等。

（2）按纸张的厚薄和重量可分为纸和纸板。两者尚没有严格的区分界限，一般以 $200g/m^2$ 以下的称为纸，$200g/m^2$ 以上的称为纸板。纸板占纸总产量的 40%～50%，主要用于商品包装，如箱纸板、包装用纸板等。国际上通常对纸和纸板分别进行统计。

（3）按用途可分为包装用纸、印刷用纸、工业用纸、办公文化用纸、生活用纸和特种纸。

1）包装用纸包括白板纸、卡纸、牛卡纸、牛皮纸、瓦楞纸、箱板纸、茶板纸、羊皮纸、鸡皮纸、卷烟用纸、硅油纸、纸杯（袋）原纸、淋膜纸、玻璃纸、防油防潮纸、透明纸、铝箔纸、标签纸、果袋纸等。

2）印刷用纸包括铜版纸、新闻纸、轻涂纸、轻型纸、双胶纸、书写纸、字典纸、书刊纸等。

3）工业用纸包括离型纸、碳素纸、绝缘纸、滤纸、试纸、电容器纸、压板纸、无尘纸、浸渍纸、砂纸、防锈纸等。

4）办公文化用纸包括描图纸、绘图纸、拷贝纸、艺术纸、复写纸、传真纸、打印纸、复印纸、相纸、宣纸、热敏纸、彩喷纸、菲林纸、硫酸纸等。

5）生活用纸包括卫生纸、面巾纸、餐巾纸、纸尿裤等。

6）特种纸包括装饰原纸、水纹纸、皮纹纸、金银卡纸、花纹纸等。

8.2.2 纸的物理特性

纸的种类繁多，其物理特性有着很大的差别，但是一般的纸都有以下特性：

（1）强度。纸的强度一般都较低，抗压强度最大，抗拉强度次之，抗弯强度最小。但是也有一些纸板的强度可以达到很高的强度值，甚至可以作为家具、建筑构件等。

（2）可折叠性。和其他材料相比较，纸的最大特点就是可折叠性，一般的纸张不但可以折叠，而且可以反复折叠，但有些纸张长期折叠的折痕处强度会降低。

（3）弹性。不少纸张都有很好的弹性，经过特殊处理的纸张可以有非常好的弹性，但是纸的弹性一旦越过其正常的弹性范围，很难再回到原来的状态。

（4）硬度。除了一些特殊用纸和纸板的硬度较高之外，一般的纸张硬度都很低，稍不留意就会在表面留下划痕，而且极难恢复。

（5）吸水性。常用的纸都有一定的吸水性，主要表现在纸张遇水之后会吸湿膨胀变形，其强度也会大大降低。

8.3 纸 的 工 艺

作为一种可塑的材料，纸也可以成为造型的载体。常见的纸工艺类型有纸雕、拼贴、剪纸、衍纸等。

纸雕（见图8-9、图8-10）又叫纸浮雕，是利用纸张的可塑性（如可以折、弯、剪切、揉、粘贴等特性）将纸张制成各种立体的图案，成品会体现浮雕的立体感和层次感。

图8-9 美国洛杉矶纸雕艺术家 Jeff Nishinaka 的唯美纸雕

图片出处：http：//img3.douban.com/view/photo/photo/public/p1126148658.jpg

图8-10 美国洛杉矶纸雕艺术家 Jeff Nishinaka 的唯美纸雕

图片出处：http://img1.douban.com/view/photo/photo/public/p1126148050.jpg

图 8-11　用 letterpress 工艺制作的纸质 iPhone 卡片

图片出处：http：//img02.taobaocdn.com/imgextra/
i2/374787794/T2uHFbXmJMXXXXXXX_！！
374787794.jpg

图 8-12　中国十二生肖剪纸

图片出处：http：//pica.nipic.com/2007-12-16/
20071216161233552_2.JPG

图 8-13　衍纸艺术

图片出处：http：//blog.chinaacc.com/
yt0379/wp-content/blogs.dir/39260/
photos/39260_1260883840_69512.jpg

　　纸雕作品的造型手法很多。折叠，包括直线折叠和曲线折叠；剪或刻，一般细节部分用刀刻，大的部分用剪刀剪裁；还可以使用多种工具，例如，用笔或木棍卷边，用直尺或桌边磨出造型等。

　　纸雕作品大都是先设计出图案，然后根据图案进行造型。大型纸雕一般需要分部分造型，最后把各个部分粘贴在一起。小到动植物、器物，大到恢弘的场景，都是可以利用设计者的智慧以纸造型而成的。

　　拼贴工艺也可以产生精美的纸质作品，如一些贺卡用纸拼成不同的形状粘贴在底图上，层次分明，图案丰富。如图 8-11 所示的纸质 iPhone 卡片就巧妙地应用了拼贴艺术。

　　剪纸（见图 8-12）是一种镂空艺术，又叫刻纸，是利用剪刀和刻刀将纸张镂空成各种图案的工艺。中国民间剪纸，旧时主要是贴在门窗上做装饰用，到今天已经发展成了一门富于中国传统的艺术。中国剪纸工艺历史悠久，制作精美，并且有许多经典的纹样，艺术价值极高。剪纸的图案种类很多，从简单的纹样，到具体的鸟兽鱼虫、花草树木，到宏大的自然风景，甚至可以剪成一系列的故事画面。不同时代的剪纸纹样，完整地记录了这门艺术的发展，浸透了浓厚的中国传统，富有感人的艺术魅力。

　　近年来，剪纸艺术也从传统图案和纹样中发展变化，形成了一些富有现代感的形式。

　　衍纸艺术（见图 8-13）又叫卷纸装饰工艺，就是利用纸材易于弯卷成型的特点，将细长的纸条卷曲成各种造型，最后将不同造型、颜色的卷纸拼接在一起成为美丽图案的艺术。这种艺术缘起于十五六世纪的修道院，最初是修女为了美化宗教道具而用的，逐渐发展成一门艺术。衍纸艺术也是将平面的纸材立体化的一种工艺。

8.4　纸应用的可能性

书写、印刷、包装是纸张材料最常见并且应用最广泛的功能，然而除了这些基本功能之外，纸还具有很多应用的可能性。

作为一种易于塑形，且塑形所需成本较低的材料，纸材可以应用于很多产品的制作，如灯具、餐具、桌椅、橱柜等。纸质产品轻巧便携，废弃之后的回收也比较容易。但是纸材本身坚固性不是很高，所以还是较多应用于不承载重量的灯具制作上。其次是纸质容器。桌椅类产品较少见，并且都是将纸材进行特殊处理之后制作而成。

图 8–14 所示为 2011 年米兰家具展上展出的一件灯具——"WU 无"。"WU 无"设计源于余杭纸伞的轻韧框架与糊纸的做法。用竹签制作框架（骨），传统宣纸制作外部蒙皮（皮肤）的做法，使框架与遮罩达到最佳的效果，从而使灯具透露出天然的光线。

图 8–15 是由加拿大著名设计公司 Molo Design 设计的一款漂浮的灯，材料利用了纸的灵活多变性，灵感来自于 Alexander Calder 移动的夜光云。放这样的灯在室内，是不是有点头顶浮云的感觉？

图 8–14　灯具——"WU 无"（展出于 2011 年米兰家具展）

图片出处：朱林 . 余杭纸伞的未来 [J]. 艺术与设计，2011.

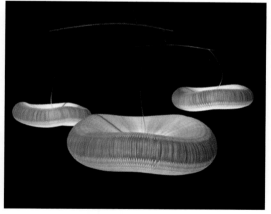

图 8–15　漂浮的灯（加拿大著名设计公司 Molo Design 设计）

图片出处：http://fmn.rrimg.com/fmn065/xiaozhan/20110919/1515/x_large_LeMG_36450000eb451262.jpg

纸质容器近年来在生活中很常见，每个人都很熟悉的有一次性纸杯以及利用纸浆可塑性制成的纸质餐具（见图 8–16）。

图 8-16　纸质餐具

图片出处：http：//fmn.rrimg.com/fmn062/xiaozhan/20111128/2135/x_large_8FbJ_11060003fd211261.jpg
http：//fmn.rrimg.com/fmn062/xiaozhan/20111128/2135/x_large_Gcht_7f6f000486ad121c.jpg

　　图 8-17 所示为 2011 年米兰家具展上一个叫做 "NA 纳" 的设计，是一个纸篓，它的形态和巧妙折叠方式，灵感来源于中国传统的纸伞。纸篓的材料是一种防撕破的合成纸，可以保持持久耐用和反复折叠。

　　图 8-18 所示为 2011 年米兰家具展上一个叫做 "CHAO 巢" 的设计，由宣纸和胡桃木制作，合拢起来像一个木制笔记本，打开后形成 30 多个小口袋用来放东西，形似中国传统的灯笼。

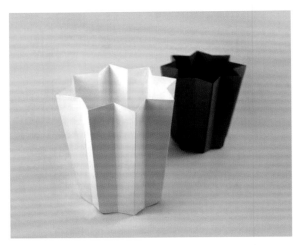

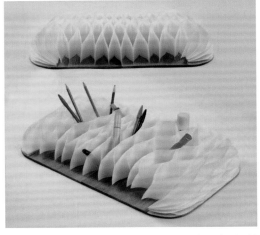

图 8-17　纸篓——"NA 纳"（展出于 2011 年米兰家具展）　图 8-18　"CHAO 巢"（展出于 2011 年米兰家具展）

图片出处：朱林. 余杭纸伞的未来 [J]. 艺术与设计，2011.　　图片出处：朱林. 余杭纸伞的未来 [J]. 艺术与设计，2011.

图 8–19 所示为在 2011 年米兰家具展上展出的一款叫做 "PIAO 飘" 的椅子，这款椅子利用了余杭纸伞的传统工艺——把皮宣纸糊上天然胶水，一层层糊在伞骨上，同时利用了宣纸细腻的质感和韧性，使其既具备温暖的触摸感，又提供非常好的支持力。让人惊讶的是，本来柔软的宣纸，在特定工艺下，具备和实木同样的牢固。

图 8–19　椅子——"PIAO 飘"（展出于 2011 年米兰家具展）

图片出处：http://fmn.xnpic.com/fmn050/xiaozhan/20110917/2145/
x_large_V4x0_29390001604a5c42.jpg

日本 NENDO 工作室，这几年总在家居家具用品上设计出令人瞩目的产品，2008 年设计的这款 "包心菜" 椅（Cabbage Chair）（见图 8–20）就是其中之一，这款椅子采用一般被当作废料丢弃的褶皱纸制作柱状，使用时得像剥白菜一样才能形成椅子。

图 8–20　"包心菜" 椅（Cabbage Chair）（日本 NENDO 工作室设计）

图片出处：http://www.paiandesign.com/wp-content/
uploads/2011/11/cabbage-chair.jpg

纸材还可以制作出一些生活用品和创意产品。图 8–21 所示为 2011 年米兰家具展上展出的一款名为"YING 盈"的纸伞，保留了几乎所有传统纸伞工艺，最大的改进是让其结构简化，更少的部件、质量更轻。传统的纸伞伞面很平，在有风的雨天很难抵挡斜雨。"YING 盈"边缘下垂的设计，看似简单，却对遮风挡雨的性能有很大提高。为实现这个设计，工艺师和设计师一起做了大量的试验。

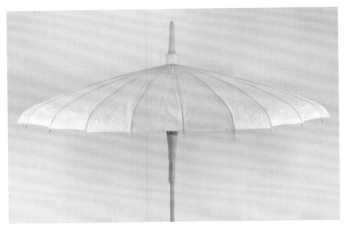

图 8–21　纸伞——"YING 盈"（展出于 2011 年米兰家具展）

图片出处：朱林 . 余杭纸伞的未来 [J]. 艺术与设计，2011.

思　考　题

1. 请搜寻身边的纸质产品五款，并分析其工艺特点。
2. 试述纸应用的可能性。

第9章　新　型　材　料

随着社会经济、文化、科学技术的发展，材料也在不停的萌生、更迭、变化、衍进，而纵观设计艺术的历史不难发现，每一种新的设计材料的诞生或发现都会引发一股新的设计浪潮，甚至促成新的设计语言的诞生。在新材料的推动下，设计步伐不断向前，设计风格也在不断发生改变。就让我们把目光转向当代的各种新材料，聆听材料赋予时代的步伐，从产品设计的角度感受材料赋予设计的巨大空间，展望设计的前景吧！

新材料作为高新技术的基础和先导，应用范围极其广泛，它同信息技术、生物技术一起成为 21 世纪最重要和最具发展潜力的领域。同传统材料一样，新材料可以从结构组成、功能和应用领域等方面进行分类，不同的分类之间又相互交叉和嵌套，目前，一般按应用领域和当今研究热点把新材料分为电子信息材料、新能源材料、纳米材料、先进复合材料、先进陶瓷材料、生态环境材料、新型高分子功能材料、高性能结构材料、智能材料、新型建筑及化工材料等。

9.1　电　子　信　息　材　料

从 2010 年上海世界博览会 LED 的大量使用就可以看出 LED 已经慢慢在我们的生活中普及起来，其中不乏品位的、优雅的设计。如图 9-1 所示的钢琴灯，设计师的灵感来源于钢琴琴键，将一个个可以独立关闭的 LED 长条形灯具依次排开，做成琴键模样。而设计的巧妙在于，它的开关方式与钢琴弹奏略相匹配。它配备了触摸感应装置，用手弹奏相应琴键，琴键 LED 灯便会根据弹奏力度调节灯光亮度。

此外，由于交互技术的不断进步，产品的情感化设计以及与人的互动和交流越来越受到更多的关注和重视。此时，高科技的电子信息材料为设计提供了广阔的空间，如

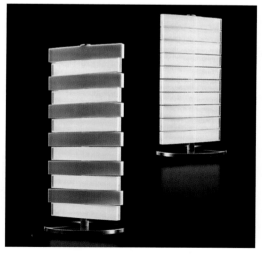

图 9-1　钢琴灯

图片出处：http：// led.hqew.com/product/TechDetail200.html

图 9-2 所示的光控地板（Light Fader Floor）。该地板是一种利用光线互动材料制成的地板，这种光线互动的材料受压时，受压面能够对压力予以回应，产生能保持一段时间并逐渐衰减的光亮。当人们在这种地板上行走时，会在身后留下一串光线逐渐衰减的脚印。这种地板很适合一些需要特效的场合，如科技馆、娱乐舞台等。人们踩踏时地板留下的柔和以及逐渐衰减的光亮会激发出人们内心因互动而引起的快乐感。

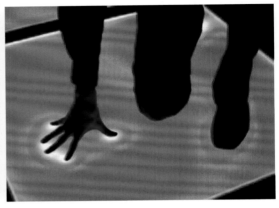

图 9-2　光控地板（Light Fader Floor）

图片出处：http://blog.makezine.com/archive/2009/10/lightfader-floor-remembers-where-yo.html

Elektex（见图 9-3）是一个超级便携式蓝牙键盘，和电脑键盘尺寸一般大小（34cm×12cm），它的神奇之处在于非常柔软，卷起来只有手机大小。它是一种真正的织物，而且可以折叠、卷起、水洗或干洗。棉麻手感的布质键盘，灵敏的传感器，支持一系列人机界面的交互活动，从开关按钮到复杂的定位传感，都可通过在传感器上按压或滑动来进行操作。它包含三个织物层的织物：顶层织物在一个方向上嵌入了导电条；底层织物中也有导电条，但其方向与顶层织物中的导电条大约呈 90°；半导电的网状中间层隔在顶层与底层中间。当按顶层时，顶层通过网状层与底层连通，这就为控制器提供了一个 X/Y 坐标。

由于 Elektex 布质传感技术可植入硅胶、棉花、粗布、聚酯、塑胶以及各种通用纺织品，因此，日常生活中的书包、衣服、旅行箱都可以成为这种传感技术的载体，由此看来，或许以后人们都无需再拿出手机，只要轻松的按压衣服或箱包上的传感器就可以接听和拨打电话了。

图 9-3　Elektex 便携式蓝牙键盘

图片出处：http://www.elektex.com/

9.2 新 能 源 材 料

随着人们可持续、绿色意识的觉醒，新能源材料也不断被探索及使用于绿色设计中。例如，英国的 Noonsolar 太阳能包专卖店，就专门卖可以用太阳能充电的皮包（见图 9–4）。充电后，电能被储存在锂离子电池包，重约 4oz，手机或是苹果品牌的便携电子产品都可以通过这个电池包充电。这个太阳能包的其他部分由可降解生物材料制成，安全无毒，不会有环境污染，连包的染料都全部采用植物染料。

图 9–4　Noonsolar 太阳能包

图片出处：http：//www.talk2myshirt.com/blog/archives/1881

2010 年上海世界博览会的日本馆（见图 9–5），被称为紫蚕岛，它以透光、轻质、可回收利用的夹层薄膜乙烯四氟乙烯共聚物（ETFE）作为建筑表皮系统，夹层中埋设有曲面太阳能电池为建筑提供绿色辅助能源，可吸收太阳能发电并在夜间发光，弧形弯顶上的"三个洞"可接收雨水并循环利用，引入阳光以减少照明用电，而顶上的"三个角"可以强化冷暖空气的流通，减少空调能耗。

图 9–5　日本馆

图片出处：http://www.expo2010.cn/c/gj_tpl_1879.htm

9.3 先 进 复 合 材 料

图 9-6   诺基亚 8800CA

图片出处：http://it.21cn.com/mobile/
bjhq/2011/10/06/9342160.shtml

图 9-7   索尼 VAIO X 系列

图片出处：http://notebook.yesky.com /447/9242947.shtml

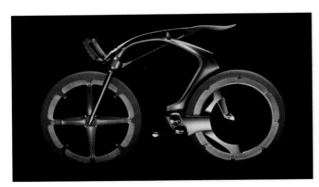

图 9-8   BIK 概念自行车

图片出处：http://www.cnbxfc.net/pd/
ftb/7_echo.php？id=42244

复合材料是最近几年飞速发展的新材料，且被运用到各种工业产品中。复合材料往往比普通材料有更好的性能，如碳纤维和碳纤维增强复合材料（CFRP）就是 21 世纪的新材料，其高强度、高弹性模量和低密度性能，使之在交通运输领域迅速得到广泛应用。它有比金属材料更高的刚性和抗冲击性能，而且还有极佳的能量吸收能力，因此在最近几年不断被运用于汽车的设计中。而碳纤维的低密度性能可以有效减低汽车的油耗。此外，由于碳纤维高质、轻量化的特点，渐渐被运用于 3C 电子产品中。例如，诺基亚就在 8800CA 手机（见图 9-6）的正面和背壳上使用了碳素纤维，同时搭配了钛合金作为外壳材质，屏幕更是使用超强度玻璃材质打造，顶级材料的使用衬托出手机的奢华。

索尼 VAIO X 系列（见图 9-7）秉承了 VAIO 对超轻薄笔记本电脑的设计理念，采用新一代复合型碳纤维面板，不仅大幅度减轻了机身的质量，更加强了机身坚固度，其质量仅为 655g（配标准电池）。

标志的设计团队新开发了一款"概念自行车"，取名为 B1K（见图 9-8），其颠覆性的碳纤维结构设计非常吸引人们的眼球。

9.4 生态环境材料

人类认识到生态环境保护的重要性后，世界各国纷纷倡导可持续设计的观念。由此，生态环境材料就成了国内外材料科学与工程研究发展的必然趋势。生态环境材料的一般特征有：①消耗的资源和能源少。②对生态和环境污染小。③再生利用率高。④从材料制造、使用、废弃直到再生循环利用的整个寿命过程，都与生态环境相协调。

英国设计师 Erik de Laurens 用鱼鳞制作杯子和眼镜（见图 9-9），具体流程是：把鱼鳞洗干净，晾干，然后压缩处理（不需要添加其他的黏合剂就能成型）即成。由此制成的产品具有环保、可生物降解、耐热和阻燃等特性。

图 9-9 以鱼鳞为材料制作的杯子（英国设计师 Erik de Laurens 设计制作）

图片出处：http ://famingzhe.com/ ？ tag=erik-de-laurens

英国设计团队 Hannah Lobley Environmental Paper Artist 以过期的杂志、电话簿、账本、传单等纸张为原料做成各式各样的质感独特的器皿（见图 9-10），或是戒指、十字架等小物品。

澳大利亚盛产坚果，每年，那些坚果壳就变成了废料。澳大利亚的设计师们把坚果壳碾碎，聚合成 Husque 食器（见图 9-11），这种天然器物不仅非常漂亮、实用，而且可完全降解。

图 9-10 以过期杂志为材料制作的器皿（英国设计团队 Hannah Lobley Environmental Paper Artist 设计制作）

图片出处：http://www.hl-web.net/paperwork-bespoke.aspx

图 9-11　Husque 食器

图片出处：http：//www.husque.com/husque.html

　　加拿大著名设计公司 Molo design 使用来自于亚麻、玉米等须根类天然植物的纤维制品设计家居用品（见图 9-12），且全部使用天然无毒无污染的上色上光工艺。由此制作的产品不仅轻盈灵透极具视觉冲击力且折叠和存放也非常简单。

图 9-12　设计家居用品（加拿大著名设计公司 Molo design）

图片出处：www.molodesign.com

　　采用玉米材料制造的太阳能计算器如图 9-13 所示，从玉米中提取的聚乳酸颗粒称为"玉米塑料"，可代替化工塑料粒子。由这种生物高分子材料制成的物品，废弃后可采用堆肥填埋处理，在自然界微生物的作用下彻底分解为水和二氧化碳，并可当作有机肥施入农田成为植物养料。

　　水葫芦被列为世界 10 大害草之一。与藤条相比，水葫芦茎秆的柔韧性更好；茎秆表面有天然的保护膜，防水性强。北京与上海的一些家具厂将淤塞河道、影响通航、破坏生态环境的水葫芦作为家具原料，实现"变废为宝"。用水葫芦制造的家具如图 9-14 所示。

图9-13 玉米材料制造的太阳能计算器

图片出处：http://www.emoi.cn/goods-1468.html

图9-14 用水葫芦制造的家具

图片出处：http://hyacinth.diytrade.com/sdp/194167/2/pl-1072174/0.html

瑞士的变压器绝缘专业公司 Weidmann，从 1877 年开始使用 MAPLEX 材料制造绝缘材料，而最近这种材料被推广到家具产品领域。MAPLEX 材料由木纤维压制而成，不需要任何化学黏合剂，能够完全生物降解和回收利用。用 MAPLEX 材料制造的家具如图 9-15 所示。

以废旧物品为原材料做设计在最近几年兴起，且不乏优秀的、深为消费者赞同和喜爱的设计。例如，美国洛杉矶 Artecnicainc 设计团队设计的静止器皿（见图 9-16），使用废弃的玻璃瓶为原材料制作，玻璃瓶通过设计师的再造切割，显现出独特的美丽身姿。

图9-15 用 MAPLEX 材料制造的家具（瑞士变压器绝缘
专业公司 Weidmann 设计）

图片出处：http://www.architonic.com/newsletter/0208

图9-16 静止器皿（美国洛杉矶
Artecnicainc 设计团队设计）

图片出处：http://www.artecnicainc.com/Products/Design_with_Conscience/

英国 Revolve 设计公司用废旧的主板、CD、塑料袋、硬纸盒、咖啡杯、酸奶瓶、纸等材料，经过再加工后，制成钥匙链、本子、杯垫、笔、尺等小产品。用废旧主板制作的钟表如图 9-17 所示。

德国设计师 Juretzek 将旧衣服用树脂浸泡，然后在模具中压缩，制成坚固且满足日常生活需求的椅子，如图 9-18 所示。

图 9-17　用废旧主板制作的钟表（英国
Revolve 设计公司设计制作）

图片出处：www.revolve-uk.com

图 9-18　以旧衣服为材料制作的椅子（德国设计师
Juretzek 设计制作）

图片出处：http://www.ixiqi.com/archives/34659

例如，瑞士环保包佛莱塔包（见图 9-19），所有材料都是废物利用的——废弃的防水油布、自行车内胎、汽车安全带。而瑞士的人们并不认为用废旧物品造出的包就存在质量问题。相反，佛莱塔包绿色的理念十分为人们所认可，人们在价格定位较高的情况下仍趋之若鹜。实际上，佛莱塔包确实有其独特的吸引人之处，由于其用料大多来自于交通工具，包的品质很高，十分耐磨，而且每一只包都是独一无二的。

图 9-19　佛莱塔包

图片出处：http://www.bags.org.tw/fashion/fashion_20090824.php

9.5 新型高分子功能材料

如图 9–20 所示，瑞士新开发出一种 Nanosphere 涂层技术，是基于纳米技术的一种表面处理方法，无论是水、污渍或者是诸如番茄浆、蜂蜜、油、红酒、血等流体物质只会从其表面轻轻滑过。只需偶尔轻轻一擦即能保洁。Nanosphere 涂层具有自我清洁的功能。Nanosphere 网站用仿生学来形容这种技术，也就是"荷叶效应"，适用于任何织物，并不会影响织物的透气性。

图 9–20　Nanosphere 涂层

图片出处：http：//www.nanosphere.ch/index.php？ id=106&L=0

如图 9–21 所示的荷叶形净水器采用了先进的纳米陶瓷过滤膜技术，可以漂浮在水面上，将其倒扣放入水中，然后按压下去，净化后的水就会透过过滤孔升上来，然后过滤孔又会因为水的张力而关闭，就可以将净水从净水器中倒入桶内。这款简单的净水器对于一些水源受到污染的地区的人们来说十分实用。

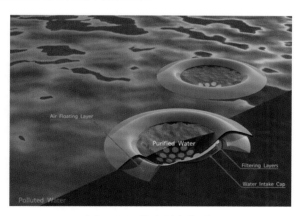

图 9–21　荷叶形净水器

图片出处：http://www.patent-cn.com/2009/11/13/24062.shtml

9.6 高性能结构材料

　　在 2010 年的上海世界博览会上，高性能结构材料应用广泛。城市最佳实践区项目应用了挤塑聚苯乙烯隔热保温板；瑞士国家馆的智能帷幕由大豆纤维制成，既能发电，又能降解；中国馆周围大片红木色的塑木地板，将塑料和天然纤维采用特殊工艺如挤出、注塑、模压等加工成型，具有节省木材有利于保护生态环境、不需要油漆、避免对环境的污染、不怕水、在 10 年左右的使用周期结束报废后可回收利用不产生二次污染的优点；世界博览会期间需要的一次性餐具、园区里使用的路牌、胸卡、磁卡，不再使用传统塑料，而是用生物材料聚乳酸制成，这种材料可自然降解，对环境无污染。

　　OXO 易用削皮器（OXO GoodGrips），如图 9–22 所示，手柄采用了一种新的氯丁材料 Santoprene 制成。与传统材料相比，氯丁材料更柔软、有弹性、便于抓握，有更好的使用体验。

　　飞利浦与 Nike 联合设计的一款运动耳机（见图 9–23），采用了新材料凝胶聚氨酯，不仅可以更好地贴合皮肤，阻隔外界的噪声，让使用者有更好的音质体验，而且可以有效防止汗水的侵蚀。

图 9–22　OXO 易用削皮器（OXO GoodGrips）

图片出处：http：//cgi.ebay.com/ws/eBayISAPI.dll？VISuperSize&item=390113248823

图 9–23　飞利浦 SBCHJ050 耳机

图片出处：http://www.p4c.philips.com/cgi-bin/dcbint/cpindex.pl？ctn=SBCHJ050&slg=zh&scy=CN

　　日本佐藤大产品设计团队设计一款全新的产品（见图 9-24）时使用了一种新材料：强烈塑性无纺织物，他们在沸水中利用膨胀的气囊将无纺织物制成了灯罩，并保留了气囊的形态。这种材料除了极其柔顺，具有热塑成型的特点以外，还具有透气、透水以及轻盈、不易撕裂等特点。这些特性都使该材料成为了制作灯罩的极佳选择。尽管灯罩造型的制造过程并不复杂，但它与蘑菇颇为相似，让人爱不释手。

图 9-24　像气球一样，能吹制的无纺布灯罩（日本佐藤大产品设计团队设计）

图片出处:（日）原研哉.引人兴趣的媒介［M］.桂林：广西师范大学出版社，2011.

9.7 传统材料与工艺的新应用

值得一提的是，在新材料不断诞生的今天，人们也开始反思把视线聚集到濒临失传的传统技术和材料，其中不乏大师级的设计师。例如，日本国宝级设计师喜多俊之就一直致力于将濒临失传的传统技术和材料运用于现代设计中。他设计的和纸灯——Tako（见图9-25）保留了即将失传的"和纸"工艺，由于和纸具有高品质，极其耐磨，可柔化任何光线的独特属性，因此，Tako营造出的平和安详的气氛，是普通灯无法达到的。"和纸"（Washi Paper）是一种有着千年历史的稀有纸张，制作环节多，工艺复杂。为了不浪费珍贵的和纸，喜多俊之使用整张和纸制作的灯，不做任何剪裁，直接使用，形成一只风筝的造型。几百上千年来人们一直在做东西，努力保存生活的智慧，把物品做得更好看，更方便实用，更温柔，以保留这种超越时间的精华。

图 9-25　和纸灯——Tako（日本设计师喜多俊之设计）

图片出处：http：//c.chinavisual.com/2010/08/12/c71356/p3.shtml

参 考 文 献

［1］　江湘芸.设计材料及加工工艺 [M].北京：北京理工大学出版社，2003.

［2］　何宇声.复合材料（玻璃钢）与工业设计（美学、艺术及工业设计理念的运用）[M].北京：化学工业出版社，2005.

［3］　刘玉强，喻迺秋，陶以明.代木材料及其应用 [M].北京：化学工业出版社，2005.

［4］　程能林.产品造型材料与工艺 [M].2 版.北京：北京理工大学出版社，2008.

［5］　江建民，蒋娟.设计工程学基础 [M].北京：化学工业出版社，2001.

［6］　邱潇潇，许熠莹，延鑫.工业设计材料与加工工艺 [M].北京：高等教育出版社，2009.

［7］　吴世兴.实用铁艺技法 [M].沈阳：辽宁美术出版社，2001.

［8］　崔福斋，郑传林.仿生材料 [M].北京：化学工业出版社，2004.

［9］　杨瑞成，丁旭，陈奎.材料科学与材料世界 [M].北京：化学工业出版社，2005.

［10］　郑建启，刘杰成.材料工艺学 [M].北京：高等教育出版社，2007.

［11］　杜彦良，张光磊.现代材料概论 [M].重庆：重庆大学出版社，2009.

［12］　（美）吉姆·莱斯科.工业设计：材料与加工手册 [M].李乐山，译.北京：中国水利水电出版社，2005.

［13］　（德）尼可拉·斯坦德曼.材料技术在设计中的运用 [M].张雅颖，芳瑜，颜少杰，译.北京：机械工业出版社，2009.

［14］　李雅，萧冰.材料设计创意指南 [M].上海：上海科学技术文献出版社，2009.

［15］　安萍.材料成形技术 [M].北京：科学出版社，2008.

［16］　徐光，常庆明，陈长军.现代材料成形新技术 [M].北京：化学工业出版社，2009.

［17］　唐英.陶瓷工艺 [M].重庆：重庆大学出版社，2009.

［18］　张锡.设计材料与加工工艺 [M].2 版.北京：化学工业出版社，2010.

［19］　齐宝森，张刚，栾道成.新型材料及其应用 [M].哈尔滨：哈尔滨工业大学出版社，2007.

［20］　杜丽娟.材料成形工艺 [M].哈尔滨：哈尔滨工业大学出版社，2009.

［21］　严岱年，刘惠文，翟建军，陈绍麟.现代工业训练教程 5：塑料成形技术 [M].南京：东南大学出版社，2001.

［22］　何红媛.材料成形技术基础 [M].南京：东南大学出版社，2000.

［23］　孙玲.塑料成型工艺与模具设计 [M].北京：清华大学出版社，2008.

［24］　施江澜.材料成形技术基础 [M].2 版.北京：机械工业出版社，2008.

［25］　李云江.特种塑性成形 [M].北京：机械工业出版社，2008.

［26］　沈其文.材料成形工艺基础 [M].3 版.武汉：华中科技大学出版社，2004.

［27］　郭广思.注塑成型技术 [M].2 版.北京：机械工业出版社，2009.

［28］　徐佩弦.塑料制品与模具设计 [M].上海：华东理工大学出版社，2010.

［29］　曾光廷.材料成型加工工艺及设备 [M].北京：化学工业出版社，2002.

［30］ 向跃川 . 装饰材料与技术 [M]. 重庆：西南师范大学出版，1996.

［31］ 李砚祖 . 设计之维 [M]. 重庆：重庆大学出版社，2007.

［32］ 谢建新 . 材料加工技术的发展现状与展望 [J]. 机械工程学报，2003（9）.

［33］ 杭间 . 设计与中国设计史研究年全专辑 // 设计史研究 [J]. 上海：上海书画出版社，2007.

［34］ 王峰 . 设计材料美感的视觉体现 [J]. 南京艺术学院学报：美术与设计版，2006（4）.

［35］ （英）戴维·布莱姆斯顿 . 产品材料工艺 [M]. 赵超，译 . 北京：中国青年出版社，2010.

［36］ （美）汤姆·凯利，乔纳森·利特曼 . 创新的艺术 [M]. 李煜华，谢荣华，译 . 北京：中信出版社，2010.

［37］ （英）泰利柯特 . 世界冶金发展史 [M]. 华觉明，译 . 北京：科学技术文献出版社，1985.

［38］ 胡德生 . 中国古代的家具 [M]. 北京：商务印书馆，1997.

［39］ 赵广超，马健聪，陈汉威 . 一章木椅 [M]. 北京：生活·新知·三联书店，2008.

［40］ （美）莱斯利·皮娜 . 家具史 [M]. 吴智慧，吕九芳，译 . 北京：中国林业出版社，2008.

［41］ 中国硅酸盐学会 . 中国陶瓷史 [M]. 北京： 文物出版社，1982.

［42］ 尹定邦 . 设计学概论 [M]. 长沙：湖南科学技术出版社，1999.

［43］ （英）克里斯·莱夫特瑞 . 欧美陶瓷 [M]. 顾蒙，译 . 上海：上海人民美术出版社，2004.

［44］ 马未都 . 马未都说收藏·杂项篇 [M]. 北京：中华书局，2009.

［45］ 陈云华 . 中国农工职业教育培训教材·中国竹编工艺：平面竹编 . 成都：四川教育出版社，2008.